"十三五"国家重点出版物出版规划项目

前沿科技普及丛书

走进
量子世界

STEPPING

INTO

QUANTUM

WORLD

石名俊 著

中国科学技术大学出版社

内 容 简 介

　　微观世界的小粒子具有与宏观物质完全不同的特性,它们不但在实验室里展现出越来越多令人称奇的现象,而且这些现象正在影响和改变我们的现实生活。本书向青少年介绍量子力学的基本概念,包括表象、对易、量子测量、量子态、量子态的叠加等。

　　本书用生动活泼的语言和大量通俗易懂的故事,带领青少年打破常规的宏观思维惯性,真正走进不同寻常的量子世界。

图书在版编目(CIP)数据

走进量子世界/石名俊著 .—合肥:中国科学技术大学出版社,2020.7
(前沿科技普及丛书)
ISBN 978-7-312-04682-7

Ⅰ.走… Ⅱ.石… Ⅲ.量子力学—青少年读物 Ⅳ.O413.1-49

中国版本图书馆 CIP 数据核字(2019)第 073931 号

ZOUJIN LIANGZI SHIJIE

出版	中国科学技术大学出版社 安徽省合肥市金寨路96号,230026 http://press.ustc.edu.cn https://zgkxjsdxcbs.tmall.com	**开本**	710 mm×1000 mm　1/16
		印张	6.25
		字数	96千
印刷	鹤山雅图仕印刷有限公司	**版次**	2020年7月第1版
发行	中国科学技术大学出版社	**印次**	2020年7月第1次印刷
经销	全国新华书店	**定价**	50.00元

　　本书有少量图片来自于网络,编者未能与著作权人一一取得联系,敬请谅解。请著作权人与我们联系,办理签订相关合同、领取稿酬等事宜,联系电话0551-63600058。

近年来,量子力学成为一个日渐热门的话题,对量子力学的讨论已不再局限于大学课堂或者实验室。实际上,量子力学已经走进并且深入到我们的生活中。一个最为常见的例子是计算机和手机都要用到的芯片。制作芯片需要半导体材料,要想了解半导体这种特殊材料,就需要用到量子力学。从目前的发展趋势来看,与量子力学相关的技术与应用会给我们的生活带来很大的影响。青少年对很多事情都充满好奇心,早一点了解量子力学是有好处的。

在这本书里,我要给青少年讲讲量子力学。量子力学是研究微观世界并解释量子现象的物理理论。那么,什么是微观世界?什么是量子现象?

简单地说,微观世界里"生活"着这样一些"居民",我们称之为微观粒子,它们的个头小到我们看不见、摸不着。因为它们如此微小,难以观测,所以人们对自然界的认识并不是从微观世界开始的。一般来说,人们对世界的认识过程是由近及远、由简单到复杂、由可见到不可见的。人们首先关心的是身边的可以感知的事物,进而追问事物的起因。在物理学领域,对于这些追问的解答便逐渐形成了以牛顿力学为代表的经典物理学。在此基础上，人们对世界的认识和观测越来越深入细致，以前被忽视的或者没有被发现的现象逐渐进入人们的视野。其中包含一些来自微观世界的新现象，它们无法用经典物理学解释，于是被称为非经典现象。为了解释这些非经典现象，就需要构建不同于经典物理学的物理理论，这就导致了量子力学的诞生。非经典现象因而也被称为量子现象。

对很多人来说，量子现象很奇妙，量子力学很深奥。在本书中，我要表达这样的观点：量子现象之所以显得很奇妙，是因为人们习惯用经典物理学的思维方式来认识微观世界，如果我们能够摆脱经典物理学带来的成见，那么将在很大程度上化解量子力学的高深莫测。

作为一本入门读物，我希望能够避免带有哲学意味的认识论上的思考和辨析，以及繁杂的数学形式和深奥的专业术语。因此，本书内容的出发点和侧重点是量子现象。需要指出的是，长期以来一直存在着对量子力学的多种不同的理解方式，不同的观点互有争论。大家可能会在不同的场合听到不同的说法，在不同的书里看到不同的观点，这是很自然的。建议大家在进一步的学习和思考中，以批判的态度对待包括本书在内的不同说法和不同观点。

谨以此书献给广大青少年读者，也送给我亲爱的孩子石雨澄，希望他们以广阔的视野看待世界。

目录 CONTENTS

第1讲 微观世界

　　日出日落，冬去春来，这是我们生活的世界中常见的现象。这个世界里的很多事物是看得见、摸得到的，人类的感官能明确地感受到它们，我们把这样一些事物称为宏观事物，由宏观事物构成的世界称为宏观世界（经典世界）。但是，还存在一些非常小的事物，小到我们看不见、摸不到的程度，我们把它们称为微观粒子。大家一定听说过分子、原子、电子等与物质结构有关的名词，它们就属于微观粒子，它们就是微观世界里的"居民"。

　　人的感知能力是有限的，"看不见、摸不到"并不总是意味着"不存在"。为了突破人类感知能力的局限，我们常常借助于观测工具。例如，借助光学显微镜，我们能看到比头发直径还细小的物体，如细胞和细菌。但是，相比于微观粒子，细胞或细菌算是巨人了，它们比微观粒子至少大一万倍。在光学显微镜下，我们不可能看到比细胞或细菌更小的东西，如病毒，更不用说分子、原子等微观粒子了。那么，人们是怎么知道自然界中存在如此微小的东西呢？可能有的读者会说，"不是有电子显微镜吗？用它就能看到病毒。"但是请注意，首先要发现并了解电子，然后才能有电子显微镜，它的设计和构造是建立在量子力学基础上的。

1. 空气

实际上,我们可以通过一些看得见的现象来推知看不见的事物。例如,我们看到树叶在摇摆、旗子在飘动,简单地说就是"起风了"。如果用物理学的语言说,就是空气分子在做定向移动。空气中含有氮气、氧气、二氧化碳、水蒸气等,我们把这些气体分子统称为空气分子,它们都是看不见的微观粒子。少量的空气分子不会让树叶摆动,也不会让旗子飘动,但是大量的空气分子一起沿某个方向运动,就能产生明显的看得见的现象。我们看到的是空气分子引发的现象,而不是空气分子本身。也许古人没有认识到气体分子,据说在唐朝的时候,有两位僧人看见旗子随风飘动,一位僧人说是风在动,另一位僧人说是旗子在动。这时来了一位叫慧能的高僧,他说,既不是风在动,也不是旗子在动,而是你们的心在动。

树叶和旗子的运动体现了空气的存在和空气的流动,但这毕竟是常见的现象,一点儿也不让人感到奇怪。1654年,德国科学家、马德堡市市长冯·奥托·格里克将两个直径约为50厘米的半球合在一起,并抽走球内部的空气,然后动用了30匹马,每边15匹,也没能把这两个半球拉开。马德堡半球实验非常明确地揭示了我们周围存在着看不见的空气,但是这并不能说人们通过这个实验发现了空气,因为在此之前,已经有一些科学家研究了空气的组成和大气压。接下来,我们再看两个实验,它们通过看得见的现象发现了看不见的微观事物。

2. 阴极射线

19世纪60年代至70年代,物理学家们发现了阴极射线。图1.1所示为阴极射线管,它是一个中空的玻璃管。

图 1.1　阴极射线管

　　玻璃管的 A 端与电源的负极相连,B 端与正极相连,在管内的右侧放置了一个十字形的支架。A 端和 B 端都是密封的。玻璃管的下方与真空泵相连,管内的空气被抽走。通电以后,发现在玻璃管右侧出现亮光(荧光),而且还有一个"十"字形的阴影。这种现象就好像玻璃管内有一束看不到的、非常小的粒子在从左向右运动,其中一部分被"十"字形支架挡住了,而没有被挡住的粒子撞到了右侧玻璃管壁上,发出了亮光。后来,人们对阴极射线做了进一步研究。1896 年,英国物理学家汤姆生给出了这样的结论:管内确实有粒子流,这些粒子带负电,我们称这些粒子为电子。

3. 放射性现象

1896年,法国物理学家贝克勒尔用不透光的黑纸将铀盐(硫酸铀酰钾)和照相底片包在一起,放在抽屉里。几天后,他发现没有被光照射过的照相底片竟然感光了。这一现象表明:铀盐放出了一些看不见的"小东西"。它们就是我们说的微观粒子。

电子和放射性现象的发现是近代物理学史上的重要事件,它们和其他一些涉及微观粒子的现象(如原子光谱、发现原子结构的α粒子散射实验、光电效应等)开启了人类研究微观世界的大门。这些实验有一个共同的特点:通过看得见的现象研究看不见的事物。

4. 见著知微

战国末期的思想家荀子(图1.2)在《劝学》里说,借助车马的人,并不是脚走得快,却可以达到千里之外;借助舟船的人,并不善于游泳,却可以横渡江河。荀子接着总结道:"君子性非异也,善假于物也。"即德才兼备的人并不是生来就和普通人有什么不同,只是善于借助外物罢了。自然科学领域也有"君子",他们对自然现象有敏锐的感觉和丰富的想象力,善于利用看得见的现象揭示或推测看不见的事物。物理学界的"君子"们借助马德堡半球向人们展现了看不见的空气;借助阴极射线的研究发现了电子;根据照相底片的感光发现了放射性现象。

图1.2 荀子

　　东汉史学家袁康说:"圣人见微知著,睹始知终。"
即看到微小的苗头,就能推知将要发生的显著的变化;
看到事情的开端,就能预见它的结局。物理学中关于
微观世界的研究却是一个"见著知微"的过程——根据
看到的显著的现象推知看不到的微小的事物。换句话
说,人们看到的是微观粒子引发的现象,而不是微观粒
子本身。

5. 测量

　　既然人们看到的只能是微观粒子引发的现象,那么就离不开用来体现现象的测量仪器。微观粒子在测量仪器上将引发明显的、确定的现象,我们要把这些现象记录下来,然后再来分析其中蕴含的规律。说到这儿,有读者可能会说:"这有什么奇怪的呀,我们的实验就是这么做的。"没错,是这样的,物理学研究客观世界的方式就是这样的三部曲:观测、记录、发现。既然要观测,就需要仪器。例如,为了研究两个物体之间的摩擦力,就需要弹簧测力计,用它拉动一个物体在另一个物体上面滑动,再把测力计上的读数记下来;当然,用一根橡皮筋也可以,但是结果可能不太精确;或者干脆什么也不用,仅凭我们拉动物体时手上的感觉来判断摩擦力的大小,不过这就更不精确了。不管怎么说,为了研究摩擦力,就要让摩擦力体现在一个测量过程中。不论是弹簧测力计、橡皮筋还是我们的手,都可以看作测量仪器。例如,测量温度的工具一般是温度计,根据温度计上的刻度就可以判断气温是35℃或20℃,这是比较精确的测量结果;也可以根据人体的感受,说天气很热或很凉爽,这是对气温的粗略描述。再如,前面提到的树叶、旗子、马德堡半球,它们也扮演了测量仪器的角色,测量的是空气的运动和大气压力。而阴极射线管和照相底片则可以分别看作观测电子和放射性的实验手段。

因此,不论是研究经典世界中的宏观事物,还是研究量子世界中的微观事物,都离不开测量过程。经典世界中的测量(经典测量)是形象而直观的,也易于理解。然而,对微观世界的测量(量子测量)却是一件非常令人费解的事,不但难以理解,而且难以说清。同时,量子测量是量子理论的重要组成部分,也是我们无法回避的话题。

对于简单的事情,我们可以看到什么就说什么,有一说一,有二说二。如日出日落、月圆月缺,又如鸟飞长空、舟行江海。为了描述复杂的事情,或者为了把一些事情说得更生动有趣,我们就得用一些比喻或者绕着弯儿说。杜甫在《剑器行》这首诗里描绘了公孙大娘的剑舞,一连用了四个"如"字:"爧如羿射九日落,矫如群帝骖龙翔,来如雷霆收震怒,罢如江海凝清光。"这几个比喻把公孙大娘的剑舞描写得有声有色。

我们将要讨论的是量子力学,这是一件很复杂的事情。所以,我们也要时不时地作类比,借用一些具体的事情来解释抽象的概念,有时候也会谈一些看似与量子力学无关的话题,希望能够以此帮助大家"走进"量子世界。

第2讲 《哈利·波特》里的幻形怪

图 2.1 电影《哈利·波特与阿兹卡班的囚徒》海报

卢平教授是霍格沃茨魔法学校的黑魔法防御课的老师。这天，他来到教室，用魔杖指着一个橱柜说："这里面有一个怪物，它会变形，叫作幻形怪。你要是看见了它，它就会变成你最害怕的东西。"学生们听了，不免一阵骚动。卢平教授接着说："大家也不要担心，只要你念一句咒语'Riddikul'，那怪物就会变成你认为的最可笑的东西。"

以上是电影《哈利·波特与阿兹卡班的囚徒》（图 2.1）里的一个场景。如果你看过这部电影，那么一定不会忘记这堂神奇的魔法课。纳威害怕的是斯内普教授，他走上前去，柜门打开了，从里面走出了表情严肃的斯内普教授；罗恩最害怕的是大蜘蛛，他走到幻形怪的面前，那怪物马上变成一只硕大的蜘蛛；接着，哈利看到的也正是他最为害怕的、令人胆寒的摄魂怪……

现在,让我们思考以下两个问题:

（1）在柜门没有打开的时候,幻形怪是什么样的? 或者说,在没有人看到幻形怪的时候,幻形怪是什么样的?

（2）如果纳威、罗恩、哈利同时站在幻形怪面前(图2.2),那么它会变成什么呢?

图2.2　罗恩、哈利与纳威

问题(1)还真不好回答,也许该去问问卢平教授,这幻形怪似乎是卢平带来的。不过,当卢平站在幻形怪面前的时候,他看到的一定是夜空中的一轮圆月——卢平教授是狼人,最害怕的是月圆之夜。所以,他也很可能说不出幻形怪的原样。

问题(2)的答案可能有些滑稽,幻形怪同时面对三个人,一定会很糊涂,该变成什么才能把他们仨都吓倒呢?是斯内普教授、大蜘蛛,还是摄魂怪?幻形怪想来想去、想了又想、想无可想。从斯内普教授变成大蜘蛛,又从大蜘蛛变成摄魂怪,变来变去、变了又变、变无可变,说不定最后只能逃回橱柜里去。

让我们再来仔细想想问题(1)。这个问题听起来很合理,但是请注意,这个问题的合理性需要一个前提条件——当幻形怪躲在柜子里的时候,它的确有一个真实而确定的形态。为了说明这个前提条件,我们构造下面两个场景:

(1)场景一:卢平教授来到课堂,指着教室旁边的一个小房间,对大家说:"那个小房间里有一个柜子,请大家依次进去,每次只进去一位同学,拉开柜门看看柜子里有什么,并且记在一张纸上,出来以后请不要把看到的东西告诉别的同学。如果遇到了让你们害怕的东西,我稍后会教大家一句咒语,让那个东西回到柜子里去。"卢平教授说完,就教了大家那句驱赶怪物的咒语。然后,学生们一个接一个走进小房间,过了一会儿又走出来,大家都面带微笑。最后,卢平教授让大家举起写有答案的纸,大家的答案是一样的——一只小狗。

　　(2)场景二:场景二和场景一近似,不同的地方在于,学生们从小房间出来以后,个个神色惊慌。卢平教授问大家看到了什么,答案千差万别。纳威说看到了斯内普教授,罗恩说看到了大蜘蛛,而哈利则说柜子里有摄魂怪。

　　场景一可以出现在大家各自的学校里。不论柜子里放的是一只小狗还是一束鲜花,在打开柜门看了以后,大家给出的答案都是一致的——小狗或鲜花。场景一可以帮助我们回答一个看起来很傻的问题:"我们怎样才能判定某个东西是否具有确定而真实的样子?"之所以说这个问题很傻,是因为我们在日常生活中遇到的事物都是真实而具体的。当然,随着时间的流逝,事物会发生变化:小狗会长大,鲜花会枯萎……虽然如此,但在某个时刻或者在一个比较短的时间内,大家对一个特定事物的看法是一致的。因此,我们可以说,如果很多人,甚至每一个人,对某个事物的看法是一致的,那么这个事物就具有真实而确定的形态。我们还可以再大胆一些,如果我们对某个新出现的事物有相同的看法,那么在这个事物没有被我们看到之前,它仍然具有真实而确定的形态。或者说,这样的事物具有它自身意义上的真实性。所谓"自身意义上的真实性"指的是,某个事物的形态以及性质是真实的、确定的,不会因为被我们观测到而有所改变。简单地说,"自身意义上的真实性"就是事物的客观性。例如,在场景一中,我们打开柜门的时候,柜子里的小狗可能因受到惊吓而跳起来或者叫几声,但是它仍然还是一只小狗,不会变成一只猫或者一束花。又如,月有阴晴圆缺,在下雨或农历初一的夜晚,我们虽然看不到月亮,但是月亮还是在绕着地球旋转,仍在距离我们大约38万千米的太空中俯视着我们。

　　再看看场景二。放在柜子里的东西到底是什么呢?我们可以给它起个名字,叫幻形怪。但是,幻形怪本来是什么样的呢？学生们去看了,都被吓了一跳。有的说是斯内普教授,有的说是大蜘蛛,有的说是摄魂怪,每个人给出的答案都不一样。这样一来,幻形怪在没有被人看到的时候,我们便难以判断它是否仍然具有真实而确定的模样。或者说,即使幻形怪有着真实而确定的模样,那也是我们无法知道的。所以,在场景二中,问题(1)缺乏必要的合理性。我们只能回答"我看到了什么",而不能回答"它(幻形怪)是什么"。

虽然幻形怪是魔幻电影中的形象,但是我要用它来类比将要讨论的量子现象。量子现象指的是我们观测到的来自微观世界的现象。我们在第1讲中说过,人们看到的是微观粒子引发的现象,即量子现象,而不是微观粒子本身。

生:你说的这些,不过是一部虚构的魔幻电影中的情节,虽然很有趣,但是用它来说量子力学,恐怕不靠谱吧？

师:实际上,乍看量子力学,还真有些魔幻的感觉哦！在后续内容中,我们会介绍量子世界中的"幻形怪",要让大家认识到,量子现象可不是魔幻电影中的情节,而是在实验中被观测到的现象。

第3讲

对经典世界的看法

　　简单地说,经典世界是我们可以通过自身的感官感受到的世界。经典世界中的事物是看得见、摸得着的,或者是可以借助适当的工具进行观测的,而且我们不用担心观测工具和观测过程会影响或者破坏这些事物。例如,我们在黑暗的山洞里行走,可以打开手电筒照亮周围的环境,山洞里的石块肯定不会因为被照亮了而滚动起来。当然,如果你想观察躲在山洞里的动物,那么就不能用手电筒了,亮光会惊动它们。你需要借助更合适的仪器,如微光夜视仪或者红外探测器等。又如,我们看夜空中的明月,皎洁柔和的月光会让人觉得月亮的表面很平滑。"小时不识月,呼作白玉盘。又疑瑶台镜,飞在青云端。"可是,如果我们用望远镜观察月亮,就会发现月亮的表面坑坑洼洼,一点也不平整(图3.1)。望远镜让我们看得更加清楚,月亮也不会因为我们用望远镜看它而旋转得更快或跑得更远。对于经典事物的观测(经典测量),有一个可以实现的基本要求:不能影响和破坏被观测事物本身的性质和状态。而对于微观粒子,就很难做到这一点了。

图 3.1　月球表面

　　经典世界中的事物具有真实的、确定的性质，即具有客观实在性。从物理学的角度说，经典世界中物体的运动行为可以用经典力学描述。前面提到的山洞里的石块和夜空中的月亮都是具有客观实在性的事物。下面我们先聊两个简单的事例，说一说客观实在性是怎样帮助人们更全面地了解经典世界的。然后，再聊一段跨越了很长时间的历史，给大家简要地介绍一下经典物理学。

1. 画机械零件图

　　假如你想做一个航模，就需要各种各样的零件。简单的零件可以自己动手做，而结构复杂的零件就需要请人帮忙了。如何告诉别人你想要的零件是什么样的呢？对于结构简单的零件，如一个圆柱，你说一下圆柱的高和底面直径的大小就行。可是，如果你想要的零件是图 3.2 所示的样子，那就有些麻烦了。

　　我们可以这么办：从不同的角度观察这个零件，然后把看到的样子画成几个平面图（图 3.3）。

14

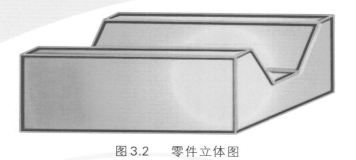

图 3.2　零件立体图

图 3.3　零件投影图

接着,在平面图中标上尺寸,这样便一目了然了。这是机械制图的简单知识。图 3.4(a)为四个小朋友从不同的角度观察一辆卡车,图 3.4(b)描绘的是他们看到的卡车的样子。

(a)

(b)

图 3.4

2. 盲人摸象

小学语文课本里有一则"盲人摸象"的寓言故事(图 3.5)。

对于视力正常的人,他能看到大象是什么样子的。可是,如果他想了解大象的全貌,就要绕着大象转一圈。他在绕着大象转圈的时候,从不同的视角观察,看到了大象的不同侧面,然后将这些不同的侧面综合起来,最终形成对大象的整体印象。观察大象和绘制零件投影图在本质上并无不同。

图 3.5

普通人用眼睛来观察大象,而盲人是通过手的触觉来感知大象的形状。如果几位盲人坐下来好好商量一下,先弄清楚各自站在什么位置,再把各自摸到的形状组合起来,那么他们还是能够获得一个大致"若象"的印象的。虽然他们的观测方式不同,观测结果的精确程度也不一样,但是本质上并没有差别。

以上说的两件事——画机械零件图和盲人摸象,虽然很浅显,但是体现了人们对经典世界的认识方式。经典世界里的事物有着确定的客观的性质,允许人们从不同的视角进行观测,也允许多次重复观测,事物本身不会受到观测过程的影响。不同的人看同一头大象,应该有相同的印象;不同的人摸大象的同一个部位,也应该有关于形状的相同的描述。且大象不会因为被看到或者被摸到而发生变化。

3. 地心说和日心说

从远古到现在,太阳一直照耀着这颗蔚蓝色的星球——地球。人们看到太阳从东边升起,在西边落下,周而复始。这种场景让人很容易认为太阳在绕着地球旋转。古罗马时期的天文学家托勒密(约90—168)就是这么说的。托勒密的天体运动模型很复杂,他用了70多个球面来描述太阳和其他几个行星的运动。

1000多年后,波兰天文学家哥白尼(1473—1543)提出了不同于托勒密的看法。他认为,地球和其他几个行星绕着太阳转动,这就是日心说。哥白尼的日心说模型也很复杂,需要40多个球面才能描述地球等几个行星的运动。

第谷·布拉赫(1546—1601)是丹麦的一位天文学家,他是最后一位也是最伟大的一位用肉眼进行观测的天文学家。第谷·布拉赫创建了世界上最早的大型天文台,在20多年的时间里,他仰观日月星辰,积累了大量的非常精确的观测数据。不过,第谷·布拉赫的天体模型是错误的。他认为,太阳和月球绕着地球转,而其他五颗行星(金星、木星、水星、火星、土星)绕着太阳转。

后来,意大利的物理学家伽利略(1564—1642)改良了望远镜,并使用望远镜观测星空,获得了很多新的发现。例如,月球表面是凹凸不平的,月球和行星发出的光都是太阳的反射光,金星有盈亏和大小的变化,等等。伽利略的观测结果是对日心说的有力支持。更重要的是,伽利略开创了以实验事实为根据的近代科学,提倡数学与实验相结合的研究方法。伽利略因此被称为"近代科学之父"。

伽利略提倡的数学与实验相结合的研究方法开花结果了吗?第谷·布拉赫留下的数据是那个时代天文观测的精华,谁来承担后续的数学工作呢?这时一位名叫开普勒(1571—1630)的人出现在历史舞台上,他是德国的天文学家、物理学家。开普勒曾是第谷·布拉赫的助手,继承了第谷·布拉赫的天文观测数据。开普勒凭借卓越的数学能力,发现火星是在一条椭圆形轨道上绕太阳旋转的。进一步研究之后,开普勒发现了行星运动的三大定律,它们是数学与实验相结合而产生的极其美妙的研究成果。

牛顿(1643—1727),伟大的英国物理学家,在1687年出版了他的划时代巨著《自然哲学的数学原理》。牛顿在书中总结出物体运动的三条基本定理

（牛顿三定律），它们构成了经典力学的框架，经典力学也被称为牛顿力学。牛顿是万有引力定律的发现者。他指出，任何两个物体之间都存在引力，引力的大小正比于物体的质量，反比于两个物体之间距离的平方。根据牛顿三定律和万有引力公式，可以用数学方法推导出行星的运动轨道。不仅如此，牛顿力学还帮助人们发现了海王星。牛顿将地球上的物体运动和天体的运动统一到一个基本的力学体系中，这是人类认识自然的一次飞跃，并且对哲学、宗教等思想领域产生了深远的影响。

回顾这段跨越了大约1700年的历史，希望大家注意以下三点：

（1）为了建立一个物理理论，需要对看到的现象进行细致而准确的测量，积累丰富的观测结果。

如果没有第谷·布拉赫的天文观测数据，开普勒能得到行星运动三定律吗？牛顿能进一步发现万有引力定律吗？恐怕很困难吧，至少可以保守地认为，要是没有第谷·布拉赫的贡献，经典力学的建立要推迟很多年。

（2）有了好的观测结果，还需要富有洞察力的数据处理能力。

开普勒第三定律指出，行星绕太阳运动的周期的平方正比于与太阳距离的三次方，这可不是一个显而易见的结果。开普勒生活的年代是没有计算机的，他靠着纸、笔和计算尺在繁杂的数据中发现了这一规律，让人不得不佩服他那强大的数据处理和数学计算能力。

（3）有了绝妙的数据处理，还需要富有创造力的想象。

牛顿将地面上物体的运动规律运用于天空中的星体，并且认为任意两个物体之间都存在着引力，这是卓越的创造力的体现。

我们在短短的篇幅里说完了这段历史，展示出人类对自然界逐步深入的认识过程。这一过程包含了前文中已经提过的三个步骤：观察、记录、发现。中国儒家思想里的"格物致知"也有与此类似的含义。观察周围的事物，这是人们认识自然的第一步，接着，人们就会追问看到的各种现象的起因。最初，自然界中的很多现象的起因被叙述为神话，如女娲造人和上帝创造万物。随着认识的深入，人们逐渐以客观、理性的态度审视周围的世界,观测方式也不再局限于简单的"用眼睛看",而是想方设法地去看。例如,格里克用马德堡半球去"看"空气;伽利略用望远镜看月亮和行星;汤姆生等人用阴极射线管"看"电子;贝克勒尔通过铀盐和照相底片发现了放射性现象,等等。随着人们在实验中揭秘越来越多的现象,人类对世界的认识也逐步从神话传说中摆脱出来,这是一个"祛魅"的过程。当人们积累了足够多观测结果的时候,就像一堆木柴在等待火苗。这是想象力和创造力的火苗,是人类思想的精华。火焰升腾,火光照亮了人类思想中的幽暗和蒙昧,驱散了人们对极端自然现象的恐惧。

第4讲　量子世界中的"小球"

　　在本讲中,我们来感受一下量子世界中的事物。我们先回顾一下前面提到的两件事:在电影中,不同的学生看到的幻形怪是不同的;在"盲人摸象"的故事里,不同的人摸到大象的不同部位,感觉到不同的形状。这两件事似乎没有本质上的区别。在观察事物的时候,不同的人可以有不同的立场、不同的视角,所以他们可能得出不同的结论,这有什么奇怪的呢?

　　再仔细想想。摸到象牙的人说大象好像是一根光滑的棍子,摸到象腿的人说大象好像是一根粗大的柱子。如果这两个人可以交换位置再摸一摸,那么他们一定会同意对方的说法。不论谁去摸象牙,象牙都像是一根光滑的棍子;不论谁去摸象腿,象腿都像是一根粗大的柱子。大象的形状是客观而真实的,虽然不同的部位有不同的形状,但是对同一部位进行观测(用手触摸),结果不会因人而异。而且,我们还可以将这些不同部位的形状组合起来,最终获得关于大象的整体感受。

再来说一说幻形怪。纳威、罗恩和哈利三个人看到的景象各不相同,而且他们也不可能获得统一的看法。罗恩打开柜门,他看见了大蜘蛛;哈利打开柜门,他看见了摄魂怪。这既不像是小朋友看卡车,也不像是盲人摸象。两个小朋友站在一起就能看到相同的卡车模样,两位盲人都摸一摸象牙便都会认为大象像是一根棍子。怎么能让罗恩看到摄魂怪或者让哈利看到大蜘蛛呢?恐怕没有办法吧。也就是说,在观察幻形怪的时候,根本没有可能让大家取得共识,除非碰巧有些人会害怕同一样东西。

我们不知道幻形怪的真实面目,甚至不知道幻形怪到底有没有真实面目。幻形怪与观测者(纳威、罗恩、哈利等)接触之后,它竟然能够了解到他们最害怕的东西,并且将它们表现出来。我们看到的只是幻形怪所能表现出的现象——斯内普教授、大蜘蛛、摄魂怪等。而且,这些现象不能共存(共同存在)。换句话说,某一个人不会看到幻形怪的多个模样:罗恩不会既看到大蜘蛛又看到斯内普教授,哈利也不会既看到摄魂怪又看到大蜘蛛。

那么我们怎样描述幻形怪呢?我们不能说幻形怪是斯内普教授,或者是大蜘蛛,抑或是摄魂怪。我们只能说:当纳威去观察的时候,幻形怪表现为斯内普教授;当罗恩去观察的时候,幻形怪表现为大蜘蛛;当哈利去观察的时候,幻形怪表现为摄魂怪。

如果用物理实验的语言来描述对于幻形怪的观测,那就是:观测结果依赖于观测过程或观测方法,而且不同的观测过程得到的观测结果不能共存,不能放在一起说。这是观察大象和观察幻形怪在本质上的区别,也是经典世界和量子世界在本质上的区别。

下面我们来聊一聊量子力学中的一个实验——斯特恩-格拉赫实验,这个实验与观察幻形怪有类似之处。1922年,两位德国物理学家斯特恩和格拉赫让银原子通过非均匀磁场,发现银原子分成了两束。他们分析了这个实验现象,提出了微观粒子的"自旋"概念——一个无法用经典物理学解释的概念(图4.1)。关于斯特恩-格拉赫实验和自旋的详细讨论超出了本书的内容范畴,所以我用更为形象的语言来描述该实验所揭示的量子现象。我们将会发现,人们惯用的思维方式并不能解释这些现象。以下内容借鉴了美国物理学家大卫·阿尔伯特写的一本书《量子力学和经验》。书中，作者用颜色、硬度这些通俗的词语代替了"电子自旋方向"这一不大容易理解的术语。为了更通俗一些，我索性不说电子了，而用小球来比喻微观粒子，然后对这个小球进行观测，再对测量结果进行分析。让我们看一看这个量子世界中的小球（量子小球）展现出怎样的奇怪现象吧！

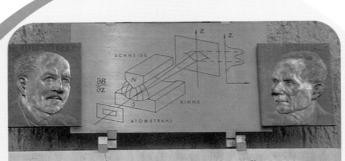

图 4.1

注 1922年2月，法兰克福，在物理学会所属的这栋建筑里，奥托·斯特恩和瓦尔特·格拉赫取得了原子角动量在磁场中空间取向量子化的重大发现。斯特恩-格拉赫实验奠定了20世纪物理学技术发展的重要基础。如同核磁共振、原子钟和激光技术一样，奥托·斯特恩因这一发现获得1943年诺贝尔奖。

请大家牢记：量子小球与我们平常见到的小球有着本质上的不同。量子小球是微观粒子的一个形象比喻，肉眼是看不到的，必须借助测量仪器进行观测。为了叙述方便,我会使用"我有一袋子量子小球"这类通俗易懂的语言,但是请大家不要认为我真的能用袋子装上一堆量子小球到处跑。

1. 观测仪器

设想我们有一种观测仪器,它可以测量出量子小球的"颜色",我们把这个仪器简称为C仪器,"C"是英文单词"Color"(颜色)的第一个字母。为了使讨论的问题简单一些,我们假设量子小球只能表现出两种颜色——白色和黑色。C仪器的左侧有一个入口,量子小球通过这个入口进入C仪器。仪器的右侧有两个出口,分别称作白出口和黑出口。如果量子小球从白出口(或黑出口)出来了,我们就说量子小球在颜色检验中表现出白色(或黑色)。

生:量子小球是看不见的,怎么知道它们是从哪一个出口出去的呢?

师:好吧,让我们在两个出口上分别装上一盏指示灯。

(1)如果白出口上的灯亮了,就表明量子小球从白出口出去了,量子小球在这个检测过程中表现出白色(图 4.2)。需要注意的是,量子小球实际上是看不见的,图中的小球只是示意性的描述。

注 在大卫·阿尔伯特的书里,测量仪器上没有安装指示灯。

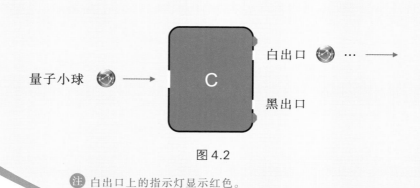

图 4.2

注 白出口上的指示灯显示红色。

（2）如果黑出口上的灯亮了，就表明量子小球从黑出口出去了，量子小球在这个检测过程中表现出黑色（图4.3）。

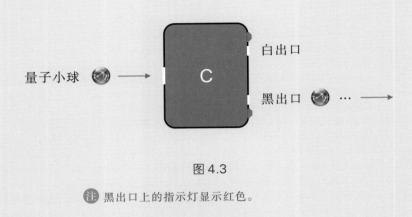

图4.3

注 黑出口上的指示灯显示红色。

常见到的小球（经典小球）不但有颜色，还会有硬度（如铅球很硬、网球较软），所以我们设想量子小球可以表现出硬度。同样，为了简化问题，我们假设量子小球只能表现出两种硬度——硬和软。为了检测量子小球的硬度，我们需要使用另一种仪器——H仪器，"H"是英文单词"Hardness"（硬度）的第一个字母。和C仪器类似，H仪器的左侧有一个入口，右侧有两个出口：一个称作硬出口，另一个称作软出口。两个出口上各有一盏指示灯，用来表明量子小球是从哪一个出口出去的。或者说，用来表明量子小球在关于硬度的检测中表现出怎样的现象（图4.4）。

生：只能说现象，是吗？可是我们没有看到白色或者黑色啊，那为什么你刚才说"量子小球在颜色检验中表现为白色"？

师：我们确实没有看到白色或黑色。实际上，这不过是为了区分不同的观测结果而人为设定的一种说法。我们已经假设量子小球在颜色检验中只能表现出两个不同的结果，我们把其中一个结果叫作白色，另一个结

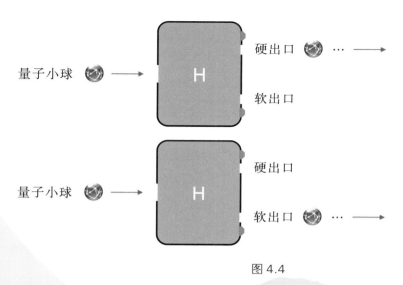

图 4.4

注 哪个出口上的指示灯显示红色,就表明量子小球从该出口出去了。

果叫作黑色。当然,也可以把它们分别叫作红色和绿色。为了区分这两个不同的结果,我们在两个出口上都安装了指示灯。其中一个指示灯亮了,就对应一种观测结果,姑且叫作白色;另一个指示灯亮了,就对应另一种观测结果,姑且叫作黑色。

生:也就是说,所谓的"白色"不过是C仪器上方出口的指示灯闪亮;所谓的"黑色"不过是C仪器下方出口的指示灯闪亮。

师:是的。

2. 用"笨拙"的语言描述现象

生:你的叙述一点也不简洁。当C仪器白出口上的指示灯亮时,干吗不直接说"这个被检测的量子小球是白色的",非要用读起来很拗口的话说"量子小球在颜色检验中表现为白色"?

师:这确实不是优美的语言,但这是就事论事的大实话。虽然显得笨拙,但是很客观。因为我们看不到微观粒子,只能看到微观粒子在特定的观测过程中表现出来的现象,所以最老实的说法就是描述看到的现象。

仪器出口处指示灯的闪光就是我们看到的现象,我们能做的事情就是记录这些现象,而不要习惯性地由看到的现象去推断事物的本质。看到白出口的灯亮了,我们就老老实实地说:"瞧,这盏灯亮了,量子小球表现出白色。"而不要去说进一步的话:"瞧,白出口上的灯亮了,说明这个量子小球是白色的。"这两句话有很大的差别。第一句话仅仅是对现象的描述,"白出口上的灯亮了"这个现象是量子小球通过 C 仪器引发的,所以"量子小球表现出白色"是一句丝毫不过分的说法。但是,第二句话"这个量子小球是白色的"则是过分的说法,过分之处在于用了"是"这个字。一般来说,如果在描述事物的时候用到了"是"字,那么就表明这个事物具有某个确定的客观的属性。例如,我们说"大象是哺乳动物"。对于大象来说,"哺乳"不仅是我们观察到的现象,也是大象客观的繁衍方式,它真实地存在着,并不依赖于我们的观察。再回想一下我们对幻形怪的描述:"当纳威去观察的时候,幻形怪表现为斯内普教授;当罗恩去观察的时候,幻形怪表现为大蜘蛛;当哈利去观察的时候,幻形怪表现为摄魂怪。"而不能说幻形怪是斯内普教授,或者是大蜘蛛,或者是摄魂怪。

朴素的甚至"笨拙"的语言未必会限制我们的思想,而看似聪明的推断却有可能将我们带入思想的误区。量子力学让人觉得很难理解,很大一部分原因在于,在我们认识事物的时候,会习惯性地、不经意地"多走一步"。这"多走的一步"是把事物表现出来的现象当作了事物本身。

3. 颜色检验

设想一下,我有一大袋量子小球,要用 C 仪器进行颜色检验。我把一个量子小球送进 C 仪器,然后观察仪器右侧两个出口上的指示灯,哪一盏灯亮了就表明量子小球从相应的出口出来了。记下这个观测结果,再将下一个量子小球送入 C 仪器,继续观察并记录。

(1)现象 1:当量子小球一个一个地进入 C 仪器时,每次只有一盏指示灯闪亮,表明量子小球要么从白出口出来,要么从黑出口出来。两盏灯不会同时亮,即不会同时从两个出口出来。

（2）现象2:随着进入C仪器的量子小球越来越多,观测结果呈现出一定的规律:白出口和黑出口上指示灯闪亮的可能性都是50%(图4.5)。

图4.5

注 用C仪器对一大袋的量子小球进行颜色检验。检验结果是从白出口和黑出口出来的量子小球各占一半。

图4.5示意性地描绘了量子小球的颜色检验。我们应该注意到,白出口和黑出口上的指示灯不会同时闪亮。这里申明一下,当我们把两个出口上的指示灯都画成红色时,只是为了说明在实验过程中不会只有一个指示灯在闪亮。

生:可能性是50%,这是什么意思?

师:我们简单地谈一下可能性。如果某件事情一定出现,那么我们把这件事情出现的可能性记作1;如果某件事情一定不出现,那么我们把这件事情出现的可能性记作0。可能性是1的事件和可能性是0的事件都是确定的事件。还有一些事情,我们不能确定它们一定出现或者一定不出现。

生:比如天气,没有哪个天气预报能断言明天是不是一定下雨。

师:是的。对于这类事情,我们用一个介于0和1之间的数值来表示这类事情出现的可能性。如果天气预报说明天下雨的可能性是80%,这就表明下雨的可能性较大;如果说下雨的可能性是10%,那么明天很可能就不会下雨。

生：白出口和黑出口上指示灯闪亮的可能性都是50％，这表明从白出口和黑出口出来的量子小球的个数大概各占一半，对吧？

师：是的。在以后的描述中，为了使语言稍微简练一些，对于类似的情况，我就省略"大概"一词。

生：现象1中，由于每次只检测一个量子小球，所以不会一下子出来一白一黑两个小球，是吗？

师：是这样的。在我们的现实生活中，也不会看到一个既是白色又是黑色的小球，所以现象1显得平淡无奇。

生：现象2让我想到了抛硬币。我们不能断定硬币落地的时候哪一面朝上，但随着抛硬币的次数越来越多，正面朝上和反面朝上的次数就很接近了，大概各占一半。这个现象与量子小球表现出来的现象是不是很相像啊？

师：请注意，硬币属于经典事物，而量子小球属于微观粒子，两者不在同一层次。不过，仅仅就现象而言，你说得对，两者是很相像。某一次抛硬币，或者某一个量子小球经过了C仪器，会出现什么结果是不确定的，是无法预料的。绝大多数量子现象具有不确定性，或者说具有随机性。

生：你说的不确定性或者随机性指的是某一次的实验结果，如某一次抛硬币或者检验某一个量子小球。是不是实验次数多了以后，还是具有一些

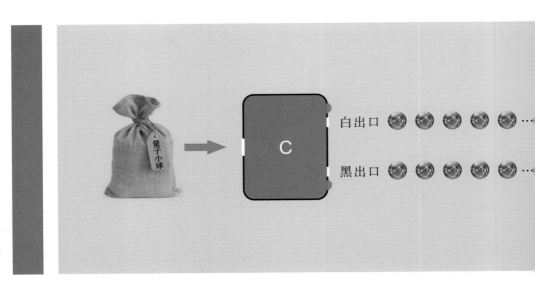

规律的?

师：是的，经过多次实验以后看到的规律被称为统计规律。前述的多次抛硬币和用C仪器检验量子小球，都体现了统计规律。量子力学的主要研究对象就是量子现象的统计规律。

接下来，我们对那些从白出口出来的量子小球再做一次颜色检验，即让它们继续通过下一个C仪器（记作C1仪器）；对那些从黑出口出来的量子小球也再做一次颜色检验，让它们继续通过下一个C仪器（记作C2仪器）。结果会怎样呢？这很容易想象，C1仪器的白出口上的指示灯将不断闪亮，而黑出口上的指示灯将始终不会闪亮；C2仪器的黑出口上的指示灯将不断闪亮，而白出口上的指示灯将始终不会闪亮（图4.6）。事实确实如此，这些现象也同样符合常识。

需要强调的是，第二次颜色检验的结果，即在C1仪器和C2仪器上表现出来的现象，是确定的而不是随机的。

生：看来量子小球也有表现得很"老实"的时候啊。

师：是的，不过这种时候不是很多。当我们用相同的仪器对量子小球进行重复检验的时候，实验结果就会表现出确定性，而不是随机性。

生：如果我继续用C仪器检验从C1出来的量子小球，那么结果一定是白

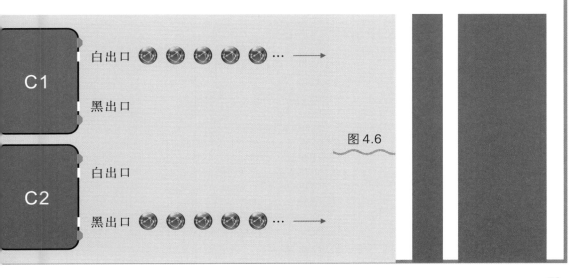

图4.6

出口上的指示灯闪亮;如果继续用C仪器检验从C2出来的量子小球,那么结果一定是黑出口上的指示灯闪亮。是这样吧?

师:肯定是这样的。

4. 硬度检验

除了可以用C仪器检测量子小球的颜色外,还可以用H仪器检测量子小球的硬度。与颜色检验过程类似,我们用H仪器检测量子小球的硬度,结果如下:

(1)当量子小球一个一个地进入H仪器时,每次只有一盏指示灯闪亮,表明量子小球要么从硬出口出来,要么从软出口出来。两盏灯不会同时亮,即不会同时从两个出口出来。

(2)随着进入H仪器的量子小球越来越多,观测结果呈现出一定的规律:硬出口上指示灯闪亮的次数和软出口上指示灯闪亮的次数各占一半(图4.7)。

(3)如果对H仪器硬出口出来的量子小球继续进行硬度检验,让它们通过下一个H仪器(记作H1仪器),那么H1仪器的硬出口上指示灯不断闪亮,而软出口上的指示灯始终不亮。如果对H仪器软出口出来的量子小球继续进行硬度检验,让它们通过下一个H仪器(记作H2仪器),那么H2仪器的软出口上指示灯不断闪亮,而硬出口上的指示灯始终不亮(图4.8)。

这些现象仍然可以用普通常识来解释,没有任何奇妙之处。

图 4.7

注 对一大袋的量子小球进行硬度检验。检验结果是,从白出口和黑出口出来的量子小球各占一半。应注意,虽然两个指示灯都是红色的,但并不表明它们同时闪亮。

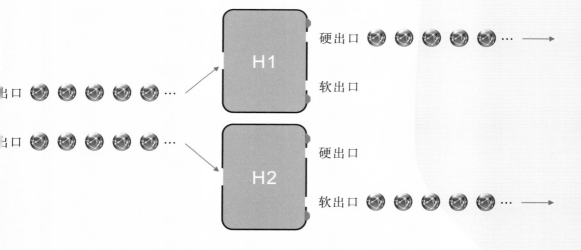

图 4.8

注 对量子小球做两次硬度检验,第二次硬度检验的结果是确定的而不是随机的。

5. 先颜色检验,再硬度检验

现在,我们逐步把观测过程设置得复杂一些。先对量子小球进行颜色检验,让它们通过 C 仪器。我们已经知道,一半的量子小球表现为白色,另一半的量子小球表现为黑色。接着,分别对它们进行硬度检验,让表现为白色的量子小球通过一个 H 仪器(记作 H1 仪器),让表现为黑色的量子小球通过另一个 H 仪器(记作 H2 仪器)。我们看到的现象是:

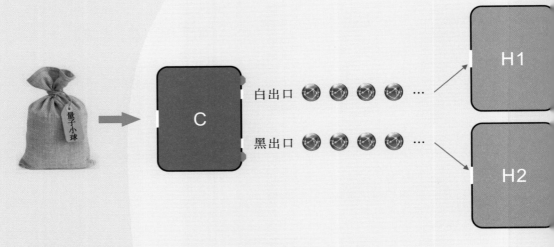

图 4.9

注 对量子小球先做颜色检验,接着做硬度检验。最后的结果是,从 H1 仪器的硬出口和软出口出去的量子小球各占一半,H2仪器也是如此。

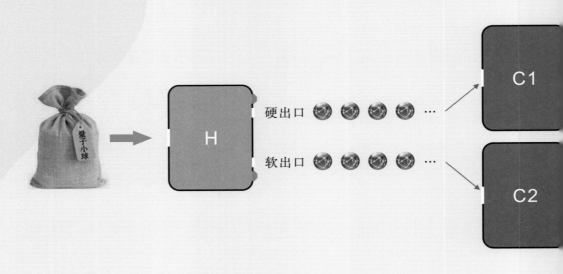

图 4.10

注 对量子小球先做硬度检验,接着做颜色检验。最后的结果是,从 C1 仪器的白出口和黑出口出去的量子小球各占一半,C2仪器也是如此。

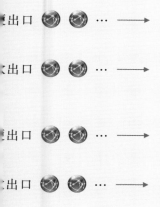

出口 ● ● … →

（1）H1仪器的硬出口上指示灯闪亮的次数和软出口上指示灯闪亮的次数各占一半。

（2）H2仪器表现出与H1仪器相同的现象（图4.9）。

这些现象也可以出现在经典小球的观测结果中。设想我有一大袋子普通的经典小球，其中的25%是白色的硬球、25%是白色的软球、25%是黑色的硬球、25%是黑色的软球。先对它们进行颜色检验，从袋子中把小球一个一个地摸出来看，结果当然是一半白球、一半黑球。再对白球做硬度检验，有一半是硬球、另一半是软球；对黑球做硬度检验，结果也是这样。因此，在这个实验中，检测量子小球时出现的现象是可以用经典小球进行类比的，这个实验及其结果并没有奇异之处。

需要补充一点：对于量子小球，从H1仪器或H2仪器的硬出口和软出口出来的量子小球大概地各占一半，而不是严格的一半。在讲颜色检验的时候，为了叙述简洁，我省略了"大概"一词。"严格的一半"和"大概的一半"也是经典现象和量子现象的一个区别。

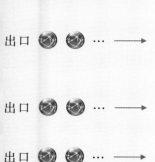

出口 ● ● … →

当然，我们也可以先对量子小球进行硬度检验，然后再做颜色检验，也会有类似的结果。换句话说，在硬度检验中表现为硬球（或软球）的量子小球，经过了颜色检验之后，有一半表现为白色，另一半表现为黑色（图4.10）。

到目前为止，我们仍没有看到检验量子小球时记录下来的现象与经典小球有什么大的不同。但是，在接下来进行的实验中，将要讨论的观测结果将会大大出乎我们的意料。

6. 先颜色检验,接着硬度检验,再颜色检验

这次实验分为三个步骤,前两步是颜色检验和硬度检验,这在前文中已经说过了。现在,对从第二步硬度检验中出来的量子小球继续进行颜色检验。具体地说,要用到四台C仪器:让H1的硬出口和软出口中出来的量子小球分别通过C1仪器和C2仪器,让H2的硬出口和软出口中出来的量子小球分别通过C3仪器和C4仪器(图4.11)。先让我用经典小球的模型尝试一下。如果是经典小球,那么一开始的时候,一大袋子经典小球中有25%是白色的硬球、25%是白色的软球、25%是黑色的硬球、25%是黑色的软球,那么经过颜色检验之后,就把这些小球分成了两组:一组是白球、另一组是黑球。对白球这一组进行硬度检验,又把它们分成了两组:一组是白色的硬球,另一组是白色的软球;对黑球这一组进行硬度检验,也把它们分成了两组:一组是黑色的硬球,另一组是黑色的软球。所以,经过了前两步检验之后,我们得到四组小球,把这四组球分别记在表4.1中。

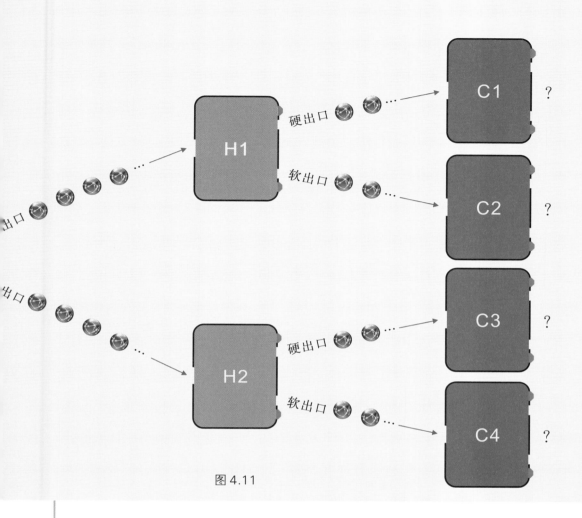

图 4.11

表 4.1　经典小球经过颜色-硬度检验后的结果

第一组	第二组	第三组	第四组
[白,硬]	[白,软]	[黑,硬]	[黑,软]

生：这样一看，最后一步颜色检验的结果就很明显了。第一组和第二组的经典小球都会给出白色的结果，而第三组和第四组的经典小球都会给出黑色的结果。

师：如果我们观测的是经典小球，那么你的回答是正确的，检验结果见表 4.2。

表4.2　经典小球经过颜色-硬度-颜色检验后的结果

仪器	C1		C2		C3		C4	
出口	白	黑	白	黑	白	黑	白	黑
可能性	25%	0	25%	0	0	25%	0	25%

现在让我们来看看量子小球。经过前两步的颜色-硬度检验之后，我们实际上把量子小球分成了四束（表4.3）。表4.3记录了前两步检验的观测结果。

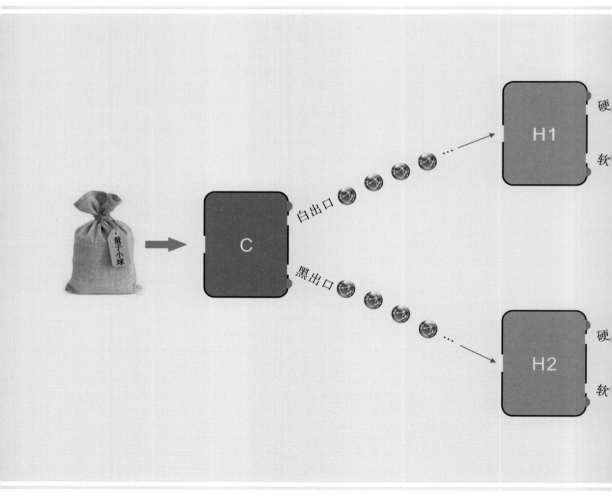

表4.3 量子小球经过颜色–硬度检验后表现出的现象

第一束	第二束	第三束	第四束
{白,硬}	{白,软}	{黑,硬}	{黑,软}

生:和表4.1相比,除了把"经典"换成了"量子"、方括号换成了花括号,哪里还有不同的地方?我认为,对量子小球进行颜色–硬度–颜色序列测量,得到的结果应该和经典小球是相似的。

师:那就让事实说话吧,图4.12和表4.4分别描绘和记录了我们所看到的现象。

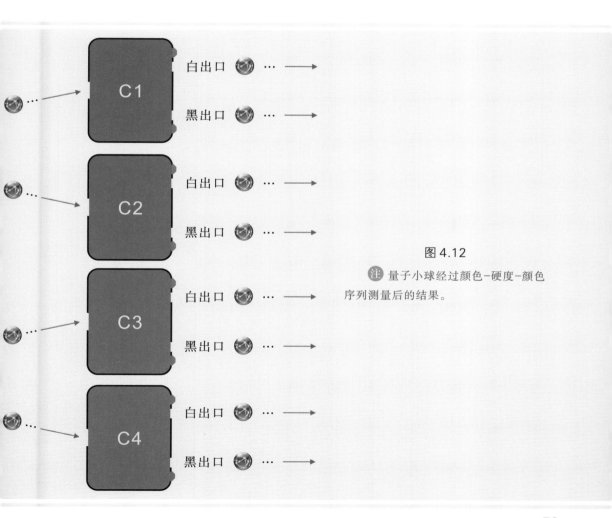

图4.12

注 量子小球经过颜色–硬度–颜色序列测量后的结果。

表4.4　量子小球经过颜色–硬度–颜色检验后的结果

仪器	C1		C2		C3		C4	
出口	白	黑	白	黑	白	黑	白	黑
可能性	12.5%	12.5%	12.5%	12.5%	12.5%	12.5%	12.5%	12.5%

生：哇！从C1到C4，每一台C仪器的白出口和黑出口上都有12.5%的可能性观测到指示灯闪亮？

师：是的，这可不是我胡诌的，而是真实的实验现象。

对比表4.2和表4.4可以看到，量子小球的表现行为是不能用经典小球模型来解释的，用量子小球来比喻的微观粒子的"自旋"也是不能用经典物理学解释的。观测量子小球看到的现象，或者说斯特恩和格拉赫在观察银原子时看到的现象，都属于非经典的量子现象。

生：真是太奇怪了！量子小球似乎"记性"不好，两次颜色检验之间隔了一个硬度检验，就让它们很快地忘记了一开始的颜色检验结果了。

师："记性"不好，这是一个很有趣的说法。量子小球为什么"记性"不好呢？你能不能想出一个简单的解释？

生：有点过分了吧，我要是知道的话，还用得着问你吗！

师：量子小球"记性"不好，这是在序列测量过程中表现出来的一个现象。量子小球属于微观粒子，而微观粒子是很小很小的，你不担心测量过程会对它们有影响吗？

生：你的意思是，硬度检验会影响从第一个C仪器白出口出来的量子小球，让它们再次经历颜色检验的时候不再能够全部表现为白色了？

师：测量过程会改变微观粒子的状态——量子态，我们以后将介绍量子态的观念，现在有必要谈谈量子现象了。

7. 量子现象

量子现象就是量子世界中的微观粒子表现在经典世界中的现象。在第1讲中，我们已经接触了一些量子现象，如电子在阴极射线管中产生的荧光和放射性现象。本讲我们讨论了量子小球,它是关于微观粒子自旋的通俗模型,观测量子小球时看到的现象同样是量子现象。量子现象是人们认识微观世界的出发点,对量子现象的发现和分析导致了量子力学的建立和发展。现在,我们结合前面对量子小球的观测结果来谈一谈量子现象。当然,为了有所对比,我们也会提到经典现象,目的是想说明两个问题:一是对量子现象要就事论事,不要把现象和事物本身混为一谈。二是通过不同类型的观测过程得到的量子现象不能综合在一起,也就是说,它们不能共存。

注 量子现象有如下特点:1.在观测微观粒子的时候,绝大多数情况下,我们不能预言某个量子现象一定出现或者一定不出现。换句话说,量子现象具有不确定性。2.虽然某一次或者某几次的观测结果是不确定的,但是,随着观测次数的增多,量子现象表现出统计性的规律。

(1)只有看到的才能称为现象

首先我想强调的是,现象来自具体的观测过程,缺乏观测过程支持的描述是没有根据的。例如,我们用 C 仪器检验量子小球,只有当我们看到某个出口处指示灯的闪亮,才能说有一个量子小球从该出口出去了,并且表现出某种颜色。如果在两个出口上都没有安装指示灯,那么我们便无法知道量子小球是从哪一个出口出去的。在这种情形下,"量子小球是从哪一个出口出去的?"这一问题缺乏观测手段和观测结果的支持,因而是一个无法回答的问题。在以后的叙述中,我将始终把具体的测量和得到的现象作为讨论问题的出发点,并且始终坚持这样的观点:只有观测到的才可称之为现象。

(2)见得多了,便有了量子现象

鲁迅先生说过:"其实地上本没有路,走的人多了,也便成了路。"我想用类似的话来描述量子现象:"其实世上本没有量子现象,见得多了,也便有了量子现象。"

在物理学领域,在量子力学诞生之前,解释自然现象的理论是以牛顿力学为代表的经典物理学。在这一时期,人们以自己的眼睛和简单的仪器(如望远镜)观测事物,看到的现象和事物本身紧密地联系在一起,甚至可以说,看到了现象,也就相当于接触到了事物本身。随着认识能力的提高,人们逐渐发现了一些新的现象,如阴极射线、放射性现象以及微观粒子的自旋,这些现象明确地体现在观测过程中。于是人们不禁追问:"究竟是什么东西引发了这些现象呢?"当然,可以笼统地说,是微观粒子。微观粒子看不见,也摸不到,因此,现象是真实且具体的,而引发现象的事物本身却显得虚幻和模糊,两者之间有很大差别。更让人不安的是,在这些新现象中,有些是不能用经典物理理论解释的,可以称之为非经典现象。20世纪初,以玻尔、海森堡、薛定谔为代表的一批物理学家提出了一个新的物理理论来解释这些非经典现象,这就是量子力学,非经典现象也因此被称为量子现象。所以我说:"见得多了,也便有了量子现象。"

（3）不同类型的测量和不同类型的现象

谈论现象,就离不开观测过程和测量仪器。在不同的测量仪器上可以体现出不同的现象,或者说,人们设计了不同的测量仪器,是为了观测事物的不同性质或行为。这相当于从不同的视角、不同的立场看问题。

生:从不同的视角或立场看问题,这个好理解。在"盲人摸象"的故事中,不同的盲人就像是不同的观测仪器,他们通过触觉测量了大象不同部位的形状,得到了不同的测量结果。测量结果不同是因为他们站在不同的位置,也就是不同的立场。这么说没错吧?

师:完全正确。在幻形怪的故事中,不同的学生也像是不同的观测仪器,他们的内心中怀有不同的恐惧。当他们面对幻形怪的时候,就有了不同的反应,看到了不同的景象。

生:那么我可以接着说,在量子小球的检验中,C仪器关注的是颜色,H仪器关注的是硬度。C仪器某个出口处指示灯亮了,告诉我们的是量子小球在颜色检验中的表现行为;H仪器某个出口处指示灯亮了,告诉我们的是量子小球在硬度检验中的表现行为。

师：是这样的。再注意一点，C仪器和H仪器同样都有指示灯的闪亮，但是它们说的不是同一类现象。

（4）不同类型的经典现象可以共存

借助不同的仪器，通过不同的测量过程得到不同种类的现象，这是很自然的。根据看到的现象进一步追寻事物本身固有的性质，并且综合考虑不同种类的现象或性质，力图更全面、更彻底地了解事物，这似乎也是很自然的。是的，这正是经典物理学认识事物的方式。经典事物是客观而真实的，我们看到的经典现象可以直接地（而不是间接地）反映事物本身固有的性质。来自不同测量过程的观测结果可以各不相同，甚至应该各不相同。虽然如此，从不同的测量过程得到的观测结果都是事物本身固有的不同性质的反映，这正是经典测量的意义所在。

在这个意义上我们可以说，对经典事物的观测方式和认识方式是"所见即是"。

生：所见即是？你说的不是"所见极是"？

师：不，不是"所见极是"。在"所见极是"这个词里，"是"的意思是"对的""正确的"。在"所见即是"里，这个"是"指的是事物的本质或者规律，也就是"实事求是"的"是"。"所见即是"的意思是，看到了现象，就能在一定程度上获得对事物本身的认识。

生：嗯，是有这种感觉，我们常说的"眼见为实"也是这个意思吧？

师：没错，这个词也能很好地反映对经典事物的认识方式。而且，在观测经典事物的时候，我们基本上可以做到不影响被观测的事物。

生：这容易理解。以前说过，用手电筒照亮黑暗的洞穴，洞穴里的石块不会滚落；用望远镜看月亮，月亮也不会转得更快。

师：做了测量，看到了现象，测量过程又不影响观察对象，这就能保证"所见即是"或者"眼见为实"。

不但如此，对于经典事物，某一种测量过程和观测结果不会影响另一种测量过程和测量结果。也就是说，不同的测量过程及其结果是相容的，即可以共存。这就允许我们综合考虑不同类型的观测结果，进而得到关于客观事物的整体认识。

例如,几位盲人摸了大象之后,各有不同的说法。但是,将他们各自的观测结果合理地组合在一起,就能粗略地知道大象的整体模样。又如,对于经典小球,我们看了看,然后说"这是一个白色的小球"。这是测量小球的颜色得到的结果,有了这个结果,便可以进一步说,这个小球在被我们看到之前肯定是白色的,并且在这以后,即使我们不再去看这个小球,它也依然是白色的。这就是经典事物的客观性。小球的颜色(白色)是小球固有的一个性质,不论我们是否看到了小球,它的这个关于颜色的性质都客观地存在着,观测过程只是揭示了这个性质而已。接着,我们用手捏了捏小球,然后说"这是一个硬球"。这是测量小球的硬度得到的结果,同样是小球固有的一个性质。这个性质客观地存在着,与我们是否做了观测(用手捏小球)没有关系。最后,我们说一句综合性的话:"这是一个白色的硬球。"这句话里包含了看待事物的两个不同的视角或者两种不同的测量方式:一个关于颜色,另一个关于硬度。把"白色"和"硬球"放在一句话里说,不但没有矛盾,而且还显得语言简练。

(5) 对易与共存

在这里,我还想借助经典测量把测量过程的共存和现象的共存说得再具体一些。对于一个经典小球,我们可以先观测小球的颜色,再观测硬度,结论是"白色的硬球";也可以先观测小球的硬度,再观测颜色,结论是"硬的白球"。虽然这两个结论的叙述方式有所不同,但实际上是一样的,是等价的。这就是说,对于经典小球而言,两种不同类型的测量是可以交换次序的。我们把可以交换次序称为"可以对易"或"是对易的"。

现在,我要用"对易"来描述"共存"。如果不同类型的测量可以对易,那么它们就是可以共存的,得到的观测结果和看到的现象也是可以共存的。反之,如果不对易,则不共存。对于经典测量和经典现象,对易和共存是很自然的,是不言自明的。然而,对于微观粒子和量子测量,情况又会怎样呢?

注 在这里,我简单地把对易和共存说成是等价的,实际上两者的关系要复杂得多,并且远远超出了本书的讨论范畴。

44

（6）"浅尝辄止"地看待量子现象

我们看不到量子小球，只能看到在特定的测量过程中表现出来的现象。"白色的"或者"硬的"仅仅是对现象的描述，我们不能将通过测量仪器看到的现象想当然地当作量子小球本身具有的性质。为什么呢？有一个易于理解的简单原因。用作量子测量的仪器的输入端是微观粒子，输出端是可见的现象，测量过程跨越了如此巨大的尺度（粗略地说，后者至少比前者大一亿倍），我们怎么能够像对待经典小球那样，把看到的现象轻易地说成是事物本身的性质呢？

生：量子小球"记性"不好，测量过程会对微观粒子造成影响。不能把量子现象当作微观粒子本身的性质，原因是测量过程跨越了巨大的尺度。现在看来，这两件事是有联系的，它们都和量子测量紧密相关。

师：是的。正如我们一开始说的那样，量子测量是无法回避的话题。正是由于量子测量的特殊性，对于量子现象，我们不能想当然地以为"所见即是"，很可能"所见未必是"，甚至"所见非是"。

设想一下，有一条宽阔的大河——一条我们无法横渡的大河，我们生活在河的此岸，河的对岸是另一个世界。我们可以看到对岸的景象，但很模糊；也可以听到对岸的喧闹，但不真切。我们很好奇，对岸的世界是什么样子的啊？那里的人们过着怎样的生活？他们有怎样的喜怒哀乐呢？可是我们无法亲自去体验，只能根据看到的、听到的现象去猜测、想象。我们可以写很多关于对岸世界的故事，故事很精彩，但不一定真实。

在面对微观世界的时候，可以根据看到的现象去推测、去猜想，但是不要急着下定论，不要习惯性地说些过分之辞。"量子小球在颜色检验中表现为白色"是恰当的描述，而"量子小球是白色的"之类涉及事物固有性质的话就是"多走一步"的过分之辞。现在，我们应该认识到经典力学和量子力学在对事物的认识方式上有很大不同。对于观测到的现象，经典力学的做法是"透过现象看本质"，而量子力学却是"浅尝辄止"，即忠实地记录实验现象，但是不把实验现象当作微观粒子的性质，不把描述现象的言辞（如白色的、硬的）用于微观粒子本身。

（7）不同类型的量子现象能否共存

量子现象与经典现象的另一个不同之处在于，来自不同测量过程的量子现象不能放在一起说，即不能共同存在。

在观测了经典小球之后，我们可以在小球上贴上两个标签，一个写上"白色"，另一个写上"硬球"。然后说出综合性的陈述——"这是一个白色的硬球"或"这是一个硬的白球"。两个标签上写的两种现象是没有矛盾的、是相容的、是可以共存的。这一说法不但听起来很有道理，而且可以检验。无论是谁，无论在什么时候，先看一看、再捏一捏这个小球，都可以说它既是白的又是硬的。我们曾用记号[白,硬]表示检测这种经典小球时得到的现象，同时这也是它的性质。

对于量子小球，假设我们使用C仪器获得了白色的检验结果，接着使用H仪器获得了硬球的检验结果。前文中我们用记号{白,硬}表示这个序列测量中的两个观测结果。当然我们也可以把这两个结果分别写在两个标签上，但是这两个标签只能分别贴在两台观测仪器上，没法贴在量子小球上。在这种情况下，两个标签不能共存，因为缺乏共同的立足点。

生：为什么两个标签不能共存？这很奇怪啊。我知道量子小球属于微观粒子，确实不能在它上面贴标签，但是，我们可以在C仪器上贴"白色"标签，在H仪器上贴"硬球"标签，它们两个就在那儿，凭什么说不能共存呢？

师："共存"让我很头疼，它实际上是量子力学的一个基本问题，它和另一个问题——"不确定原理"，两者在本质上是相同的。

生:还是先说眼前的共存或不共存吧。

师:咱们来换个说法。如果我们说量子现象"白色"和量子现象"硬球"不能共存,那么指的是,不存在这样的量子小球,它们在颜色检验中一定表现出白色,并且在硬度检验中一定表现出硬球。

生:换句话说,如果在观测量子小球的时候,我们一直没有看到这样的现象:从C仪器的白出口出去的量子小球通过H仪器后,全部从硬出口出来,那么就可以说,量子现象"白色"和量子现象"硬球"不能共存,这么说对吗?

师:正是这样。当然也可以反过来说,如果看到了一定表现出"白色"并且一定表现出"硬球"的现象,那么这两个现象是可以共存的。如经典小球就是这样。

生:好吧,我总算了解了"共存"的意思。还有一个问题,前面我们用记号{白,硬}表示颜色-硬度序列测量过程中的两个观测结果,看起来量子小球表现出了白色,接着又表现出硬球,这两个现象不是共存的吗?

师:如图4.13所示,经过了颜色-硬度序列测量后,量子小球分为四束,我们用{白,硬}标记其中的一束,即从C仪器的白出口出来的量子小球有一部分(大概一半)接着从H1仪器的硬出口出来。请注意,只是一部分,并不是全部!

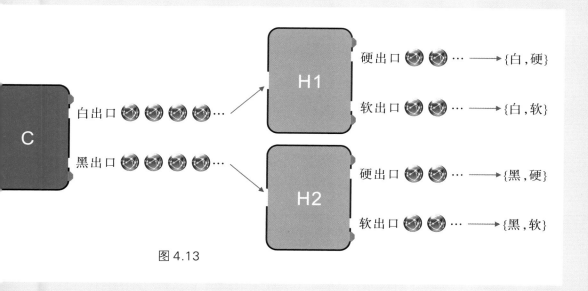

图 4.13

生：没错，另一部分通过了 H1 仪器的软出口。我明白了，从 C 仪器的白出口出去的量子小球并没有全部通过 H1 仪器的硬出口，或者全部通过 H1 的软出口。

师：所以，我们看到的现象不满足"共存"的要求："白色"和"硬球"不能共存；"白色"和"软球"不能共存；"黑色"和"硬球"不能共存；"黑色"和"软球"不能共存。

生：我忽然有个奇怪的想法："白色"和"黑色"也不能共存啊，你怎么解释呢？

师：讨论是否共存的目的是为了体现经典现象和量子现象的差异。在经典情形下可以共存的现象到了量子情形中变得不能共存了，这是值得讨论的。然而，不论是经典小球还是量子小球，都不会观测到"白色"与"黑色"共存的现象，因此这是一个不需要讨论的话题。进一步说，这里谈论的共存与否是针对不同类型的测量而言的，而不是针对某个特定的测量过程所得到的不同结果而言的。具体地说，我们要讨论的是颜色检验和硬度检验能否共存，而不是颜色检验的结果"白"和"黑"能否共存，它们肯定不能共存。

（8）测量过程能否对易

还可以考虑两个不同的测量过程能否对易，并以此说明它们能否共存。现在，我们将前述实验过程做一些修改。我们把 C 仪器的白出口和黑出口出来的量子小球汇聚在一起，然后让它们通过一台（不是两台）H 仪器，这相当于把原来的两台 H 仪器合二为一。我们把这个过程称为 C-H 序列测量，并且把经历了这一序列测量的量子小球称为 C-H 量子小球（图 4.14）。

我们知道，不论是在颜色检验中表现为白色的量子小球还是表现为黑色的量子小球，继续进行硬度检验之后，表现为硬球和表现为软球的可能性都是 50%，所以，在 H 仪器的硬出口和软出口出来的量子小球各占一半。

我们将C-H序列测量中的两个测量步骤颠倒一下,得到H-C序列测量,并且把经历了这一序列测量的量子小球称为H-C量子小球(图4.15)。同样的,从C仪器的白出口和黑出口出来的量子小球各占一半。

C-H序列和H-C序列的测量过程正好相反,应该可以帮助我们回答这样的问题——颜色检验和硬度检验能否对易?

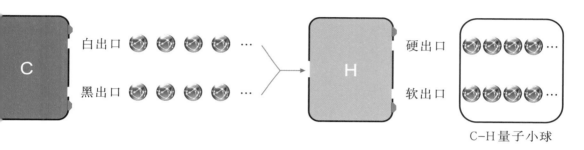

图 4.14

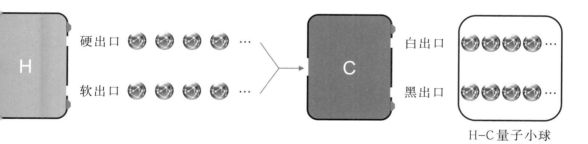

图 4.15

生:这个问题有些抽象,从哪些方面判断呢?

师:我们可以看看C-H量子小球和H-C量子小球,如果它们是不同的,那么就说明颜色检验和硬度检验不能对易。

生:慢着,量子小球是看不见的,你不会忘了吧?

师:当然,咱们不能就这么睁着眼睛去看,而是用测量仪器看,用C仪器或H仪器。

生:那就用C仪器吧。

师:好的,用C仪器(图4.16)。在C-H量子小球中,有一半是从H仪器的硬出口出来的,当它们进入C1仪器后,从白出口和黑出口出来的可能性都是50%;另一半从H仪器的软出口出来,进入C2仪器后,从白出口和黑出口出来的可能性也都是50%。

生:用C仪器检验H-C量子小球,会看到什么现象呢?

师:对H-C量子小球的观测结果如图4.17所示。在H-C量子小球中,有

一半是从 C 仪器的白出口出来的,当它们进入 C1 仪器后,全部从白出口出来;另一半从 C 仪器的黑出口出来,进入 C2 仪器后,全部从黑出口出来。

生:这么看来,C-H 量子小球和 H-C 量子小球是不同的,也就说明颜色检验和硬度检验是不对易的。

师:是的,它们不对易。因此,颜色检验中看到的现象和硬度检验中看到的现象是不能共存的。

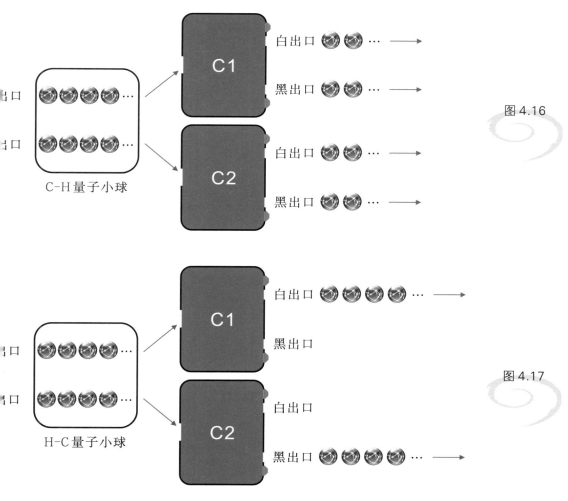

图 4.16

图 4.17

（9）一个简短的小结

我们观察微观粒子,记录了量子现象。量子现象当然不是虚无缥缈的,不论是贝克勒尔看到的放射性现象,还是斯特恩和格拉赫观察到的与原子自旋有关的现象,都是具体的。需要注意的是,这些具体的量子现象不同于经典现象。经典现象是真实而客观的,可以不依赖于人们的观测而独立地存在。但是,量子现象的真实性是有条件的,这个条件就是我们再三强调的测量过程,必须先有测量,然后才有现象。量子现象的真实性是脆弱的,易受到观测过程的影响,甚至破坏。我们在第1讲中提到过"见著知微"的认识方式,这里的"知"也是有局限的,难以达到对于经典事物的"知"的程度。

再回头看看前述"量子现象"部分中说的两个问题:我不能确定是不是已经把这两个问题说清楚了,但我猜想,量子现象依然让大家觉得难以琢磨,不易理解。所以,我要在下一讲中说些和量子力学无关的话题,希望能让大家感觉到,有很多司空见惯的事情实际上和量子现象一样的"奇特"。而且,我更希望能让大家认识到,相比于经典力学,量子力学认识世界的方式更为朴素,或者更为"笨拙"——量子力学的理论体系受到的限制更少。如果我们让自己"笨"一些,反而能更好地理解量子力学。宋代诗人陆游有言:"汝果欲学诗,功夫在诗外。"意思是说,如果你想学习写诗,那么就不能仅仅专注于辞藻和形式,还要在经历、体验、眼界上下功夫。在这里也是一样的,量子力学不但是物理学的重要内容,而且也体现了人们认识世界的一种方式。在量子力学之外,找一些可以和量子现象类比的事情来讨论,就算是"功夫在诗外"吧。

生:等一下,先别忙着说"诗外"的事,我还有一个问题。到目前为止,我们关注的焦点是现象,尤其是量子现象。难道量子力学只讨论现象,现象长、现象短,整天围着现象转,不干别的?

师:不是这样的。量子力学有它自己的一套理论形式(或称形式系统),其中有假设、规则和数学方程。根据量子力学的理论形式,人们可以通过数学计算解释实验中得到的量子现象,并且还可以预言新的现象。

生:在量子力学的形式系统里,有哪些东西呢?

师:我们不可能在这本书里介绍量子理论中的所有基本概念,但是可以简单地谈一谈其中的一个重要概念——量子态。

生:量子态是量子的状态?

师:差不多吧,应该说是微观粒子的状态。测量过程会影响微观粒子,这种影响使得量子现象不同于经典现象,表现得很奇特,这需要有理论上的解释。为了这个目的,人们构造了量子态这个概念。

生:量子态是人们构造出来的? 它不是实际存在的吗? 微观粒子很小,看不见,但是它们存在着,不然的话,不会有量子现象。量子态呢? 量子态是不是也像微观粒子那样,虽然看不见,但是实际存在着?

师:不是的,量子态是为了解释量子现象而构造出来的数学形式,量子态所承担的任务是解释并预言量子现象,但是它本身不是量子现象。不能说量子小球的量子态是"白"的或"硬"的,"白色"或"硬球"是实验现象,不能和量子态这一数学形式相提并论。从量子态到量子现象,需要有观测过程。量子态的意义在于能够对将要进行的量子测量的结果给出正确的预言,也就是说,理论计算的结果与实际得到的结果相符。我们将在第6讲中对量子态做进一步讨论。

第5讲 表　象

在前面各讲中,我们反复提到了"观测"和"现象"。现在,我们要谈谈与此紧密相关的一个概念——表象。

生:表象是表面的现象?

师:不,不是表面的现象。现象来自于观测过程,一个特定的观测过程表明了看问题的一个特定的视角或者一个特定的立场,这些视角、立场通称为表象。

生:前文中四个小朋友从不同的角度看一辆卡车,得到了不同的图像。是不是可以说,每一个特定的角度就是一个特定的表象?

师:可以这么说。这个事例虽然很简单,但是它体现了一个重要的道理:在观察事物、描述事物的时候,我们会用到一个或多个表象,表象是我们认识世界、描述事物的必经之路。在我看来,表象是量子力学中最重要的概念,而且表象是无处不在的。

接下来,让我们先讨论表象的含义,然后谈谈不同的表象能否综合。首先,有件事需要说明一下,我将要说的表象和认识论里的表象不是一回事。在认识论里,表象指的是当事物不在面前时,人们在头脑中出现的关于事物的形象。我们要讨论的表象则是观察事物的方式。

1. 观察事物的方式

在"盲人摸象"的故事里,不同的盲人站在不同的位置触摸大象,获得了不同的结论。我们说,每一个特定的位置就相当于观察事物的一个特定的方式,也就是一个特定的表象。例如,盲人甲摸到了象牙,他觉得大象像是一根光滑的棍子;盲人乙摸到了象腿,他觉得大象像是一根粗大的柱子。换句话说,在盲人甲的表象中,大象表现为一根光滑的棍子,在盲人乙的表象中,大象表现为一根粗大的柱子。

在第4讲中,对于经典小球,我们可以说"这是一个白色的硬球",其中包含了两种不同的看待事物的方式:一个是关于颜色的,另一个是关于硬度的。我们也可以说,在颜色表象中,小球表现为白色,在硬度表象中,小球表现为硬球。

以上的例子简单易懂,它们再次说明了我们曾经强调过的一个观点:现象来自于观测,不同的现象对应于不同的观测方式。现在我们把观测方式称为表象,于是可以说,特定的现象是客观事物在特定的表象中的体现。

生:我怎么觉得没有必要引入表象这个概念啊。在前面的叙述中,完全可以把涉及表象的话删掉,既不影响要表达的意思,又显得语言简练。

师:以上说的是具体的事物(经典事物),在这种情况下,表象这个概念显得并不重要,把表象扯进来反而显得累赘。前面我们说过,观察经典事物得到的经典现象是可以共存的,也是可以综合的。现象和表象紧密地联系在一起,对于经典事物,在观察或描述它们的时候,用到的不同的表象是可以共存的,不同的表象之间不会有矛盾,不同的表象可以综合在一起。因此,对于经典事物来说,表象的概念是可有可无的。

生:这样说来,引入表象这个概念的目的在于,我们要去考虑那些不怎么具体的、不怎么"经典"的事情?

师:是的。对于一些抽象的事物,表象就显得很重要了。

作为铺垫,让我们再来谈谈幻形怪。我们把"幻形怪"放在符号"| ⟩"里,写下"|幻形怪⟩"。自此,我们用这种方式表示这样一类事物——让人难以回答"它是什么"。在纳威、罗恩和哈利打开柜门之后,分别看到了斯内普教授、大蜘蛛和摄魂怪。在观察幻形怪的时候,他们三人有着不同的体验,他

们代表三个不同的表象,分别是纳威表象、罗恩表象和哈利表象:

$$|幻形怪\rangle \xrightarrow{\text{纳威表象}} 斯内普教授$$

$$|幻形怪\rangle \xrightarrow{\text{罗恩表象}} 大蜘蛛$$

$$|幻形怪\rangle \xrightarrow{\text{哈利表象}} 摄魂怪$$

其中的长箭头可以说成"表现为"。于是,三个过程就被说成是,在纳威表象中,幻形怪表现为斯内普教授;在罗恩表象中,幻形怪表现为大蜘蛛;在哈利表象中,幻形怪表现为摄魂怪。我再重复一遍以前说过的话:幻形怪不是斯内普教授,不是大蜘蛛,也不是摄魂怪。这些具体的现象是幻形怪在特定的表象中的表现形式。

用魔幻电影来说表象可能有些不合适,下面让我们讨论一件没有丝毫魔幻色彩而又非常简单的事情——数字。

2. 描述数字的表象

大家看到数字3,一定不会想到三个苹果或三只小鸟。因为对于数字,我们的思维已经完成了从具体到抽象的过程。其实每一个数字都是非常抽象的。如果对一个两三岁的孩子说"3",孩子也许会跟着发这个音,但他一定不知道你在说什么。你得拿三个苹果,对他说:"宝宝,你看,三个苹果,三个。"出去玩的时候,看到草地上有三只小鸟,你再说:"宝宝看,那里有三只小鸟。"直到见了足够多的数量是"3"的事物之后,某一天孩子会张开小手说:"看,三个糖。"再到后来,当我们说起"3"的时候,就不再需要借助苹果、小鸟、糖果等具体的事物了,这是一个从具体走向抽象的过程。反过来说,为了说明抽象的概念,就需要能够体现这个概念的具体的事物。用苹果表示数字,这是苹果表象;用小鸟表示数字,这是小鸟表象;用糖果表示数字,这是糖果表象。用$|3\rangle$表示抽象的数字3,有下面的过程:

$$|3\rangle \xrightarrow{\text{苹果表象}} 三个苹果$$

$$|3\rangle \xrightarrow{\text{小鸟表象}} 三只小鸟$$

$$|3\rangle \xrightarrow{\text{糖果表象}} 三颗糖果$$

数字3不是三个苹果，不是三只小鸟，也不是三颗糖果。这些具体的事物是数字3在特定表象中的表现形式。战国时期的公孙龙说"白马非马"也有类似的道理。

　　我们还可以用一个检测数字的仪器来说明上述过程。假设我们不认识数字，那就需要有个检测数字的仪器来帮助我们。

　　生：是从仪器的一端输入一个数字，从仪器的另一端输出这个数字？

　　师：不，这可不行。输入和输出都是抽象的数字，这对我们毫无帮助，检测数字的仪器要能够以具体的事物体现输入的数字。因此，需要设计一个苹果仪器，当某个数字，如数字3，输入这个仪器后，可以在输出端看到三个苹果。类似地还可以有小鸟仪器和糖果仪器。这些仪器分别对应苹果表象、小鸟表象和糖果表象。

　　对于两三岁的孩子来说，数字是抽象的。对于盲人来说，大象也是抽象的。在他们触摸大象之前，在他们的观念中，大象应该被表示为|大象⟩。经过触摸之后，这个抽象的|大象⟩才有了具体的形式。盲人甲和盲人乙触摸了大象的不同部位，得到了不同的结论：

$$|大象\rangle \xrightarrow{\text{盲人甲表象}} 光滑的棍子$$
$$|大象\rangle \xrightarrow{\text{盲人乙表象}} 粗大的柱子$$

　　大象既不是光滑的棍子，也不是粗大的柱子，这些具体的现象只是大象在特定的表象中的表现形式。

　　生：看来，在描述抽象事物的时候，表象还是有些意义的。

　　师：应该如此。为了说明抽象的事物，通常需要把它们具体化，这个具体化的过程实际上就是表象承担的任务。接下来，我们进一步谈谈描述抽象事物的表象。

3. 描述时间的表象

　　时间是什么？很难说清楚。时间是一个抽象的概念，牛顿在《自然哲学的数学原理》一书中称："绝对的、真实的和数学的时间，它自身以及它自己的本性与任何外在的东西无关,它均匀地流动。"

生:太抽象了,搞不懂!

师:这是很抽象。牛顿紧接着给出了稍微容易理解的表述:时间是关于运动的持续性的度量,这是一种相对的、表面的、普通的时间,也就是人们常说的小时、日、月、年,用来替代绝对的、真实的时间。

生:这个说法好懂一些,大家都知道小时、日、月、年,不过"运动的持续性"听起来不是很通俗。

师:儿歌里是这么唱的:"时间时间像飞鸟,嘀嗒嘀嗒向前跑。"飞鸟和时钟都体现了牛顿说的持续的运动或者运动的持续性。在歌词里,用了两个不同的表象来描述时间,一个是飞鸟表象,另一个是时钟表象。

$$|时间\rangle \xrightarrow{飞鸟表象} 小鸟一去不回来$$

$$|时间\rangle \xrightarrow{时钟表象} 分针、时针的运动,嘀嗒声$$

生:说时间像飞鸟,这就是一个比喻嘛,用飞鸟来比喻时间。

师:这是一个比喻。时间既不是飞鸟,也不是时钟,只是在相应的表象中表现为小鸟去而不返,表现为指针一圈圈地转动,嘀嗒作响。

还有其他一些事物也可以体现时间的流动,如古代用来计时的沙漏、日晷。说到流动性,最明显的例子便是流水了。《论语》记载,子在川上曰:"逝者如斯夫,不舍昼夜。"形容时间就像流水一样永不停歇地流逝着。在孔子看来,或者说在孔子表象里,$|时间\rangle$表现为流水。

$$|时间\rangle \xrightarrow{孔子表象} 流水,逝者如斯$$

阿根廷当代作家博尔赫斯说:"时间是带走我的河流,但我即是河流;时间是撕碎我的虎,但我即是虎;时间是烧掉我的火,但我即是火。"

在博尔赫斯的关于时间的表象里,时间不仅仅表现为河流或者火焰,而且表现为一个人的生命历程。他的出生、成长和衰亡体现了时间的流逝,他的漂泊、他的争斗和他的激情体现了时间的人性内涵,时间不再是枯燥而冷漠的嘀嗒声,人们对于生命的体验最终融于时间的长河中。

4. 把抽象的感受表现出来

语言首先是用来描述具体的事物的,如这是一棵树、天上有朵云等。语言也可以用来描述抽象的事情,如人们的心理感受、概念、观念等。例如《毛诗·大序》中阐述了古人对诗歌的看法:"诗者,志之所之也。在心为志,发言为诗。情动于中而行于言,言之不足,故嗟叹之,嗟叹之不足故永歌之,永歌之不足,不知手之舞之,足之蹈之也。"

这段话的第一句意思是,诗言志,诗是人们用来表达志向的。蕴藏在内心的志向是一个抽象的观念,把志向说出来或写出来就有了诗。相比于藏在内心中的观念,语言和文字就显得具体一些了。但是,有的时候,如果人的内心积累了丰富的情感或复杂的感受,那么一两句话是很难说清楚的,这时就感到了语言的苍白无力,于是有了长嗟短叹,进而有了歌以咏志,有了手舞足蹈。与文字相比,歌舞更为形象具体。

为了把抽象的事情说明白,就必须借助具体的形式。《毛诗·大序》中说的志向是抽象的事情,用语言文字表达志向,诗歌就是具体的形式;用音律动作表达志向,歌舞就是具体的形式。所以,语言文字是一个表象,音律动作也是一个表象。我们把"志向"放在符号"| ⟩"里,写下"|志向⟩"。

$$|志向⟩ \xrightarrow{\text{语言文字表象}} 诗歌$$

$$|志向⟩ \xrightarrow{\text{音律动作表象}} 歌舞$$

我们把这段话重新表述一下:|志向⟩在语言文字表象中表现为诗歌,在音律动作表象中表现为歌舞。当然,|志向⟩既不是诗歌,也不是歌舞。需要一个创作过程,|志向⟩才能表现为诗歌或者表现为歌舞。

在文学作品中,为了描绘内心的情感,人们常常使用比喻或象征的表现手法,将某种抽象的情感反映或者投射在一些具体事物上。这也可以说是表象的体现。例如,乡愁是文学作品中经常出现的一个主题。如果只是简单地说"我好想家啊",那么就会显得很平淡乏味。东汉末年的文学家王粲写过一篇《登楼赋》,文中有这样两句:"凭轩槛以遥望兮,向北风而开襟"。

作者思念故乡,登楼望远。纵然远望可以当归,却也难免黯然神伤,那就敞开衣襟,感受来自故乡的北风吧。所以,在王粲表象中,乡愁表现为一个具体的行为:

$$|乡愁\rangle \xrightarrow{\text{王粲表象}} 向北风而开襟$$

现代诗人余光中在《乡愁》中表达了对故土的思念:

小时候,

乡愁是一枚小小的邮票,

我在这头,

母亲在那头。

长大后,

乡愁是一张窄窄的船票,

我在这头,

新娘在那头。

后来啊,

乡愁是一方矮矮的坟墓,

我在外头,

母亲在里头。

而现在,

乡愁是一湾浅浅的海峡,

我在这头,

大陆在那头。

诗人借用邮票、船票、坟墓、海峡诉说了不同时期的乡愁感受,这些都是$|乡愁\rangle$的余光中表象中的现象。

生:同一个抽象的事物,可以有不同的表现形式,乍一看有些奇怪,再仔细想想就觉得很平常了。

师:是啊。对于具体的事物,我们不能一下子看到它的全貌;对于抽象的事物,我们也不能一下子说明它的全部含义。所以要换着角度看,分清层次逐步说。换了角度,看到的具体事物的图像就不一样;在不同的层次上,抽象事物的表现形式也不一样。

生：所以说，不论是具体事物还是抽象事物，在不同的表象中都应该表现出不同的现象。

师：是这样的，只不过对于抽象的事物而言，表象显得更为重要。

生：你怎么总是在强调抽象的事物？

师：后面我们将要讨论量子态，它是一个抽象的概念，所以现在我们更多地关注抽象事物。

5. 体现人性的表象

三国时的诸葛亮写有《心书》一文，其中谈到如何了解人的本性。每个人的善、恶程度不同，本性与外表也不是统一的。有的人外表温良却行为奸诈，有的人神态恭谦却心怀欺骗，有的人看上去很勇敢而实际上却很怯懦……这该怎么办呢？诸葛亮说，那就看看这个人在特定场合中的表现吧。

一曰，问之以是非而观其志；二曰，穷之以辞辩而观其变；三曰，咨之以计谋而观其识；四曰，告之以祸难而观其勇；五曰，醉之以酒而观其性；六曰，临之以利而观其廉；七曰，期之以事而观其信。

这段话的大概意思是：和他讨论对各类事物是非对错的看法，观察他的信仰和志向是否明确坚定；和他辩论，提出质疑，看他的观点有什么变化，能否随机应变；就某些问题咨询他的看法和对策，看他的知识经验如何；当困难或灾祸来临的时候，看他有没有知难而进的勇气和处事不惊的良好心理素质；用美酒佳肴款待他，观察他在酒桌上的自制力和酒后表现出来的本性；在面对金钱财富的时候，看他是廉洁奉公还是见利忘义；将一些事情托付给他，看他信用如何，是一诺千金还是信口开河。

人的性格或本性是抽象的，要通过具体的事情才能有所体现。如果想知道一个人是否勇敢，不能仅听他说，而是要观察他的行为。例如，在战场上，敌人大兵压境的时候，这个人能否披坚执锐，勇往直前。我们说，在战场表象中，|勇敢⟩这一关于人的本性的抽象描述有了具体的现象。类似地，可以在是非表象中观察|志向⟩；在辞辩表象中观察|机变⟩；在计谋表象中观察

|见识〉;在酒宴表象中观察|性情〉;在利益表象中观察|廉洁〉;在托事表象中观察|诚信〉。

6. 体现世界观的表象

世界观是人们对整个世界以及人与世界关系的总的看法和根本观点。比起数字和人性,世界观显得更为抽象。虽然世界观是个抽象的观念,但是一个人的行为或者这个人一生的经历就是他的世界观的具体体现。

德国作家鲁道夫·洛克尔将不同文学作品中的六个典型人物形象写在《六人》一书中,这六个人是:

(1)德国作家歌德的长诗《浮士德》中的浮士德。他非常渴望了解事物的内在本质,他说:"凡是赋予整个人类的一切,我都要在我心里体味参详。"

(2)英国诗人拜伦的长诗《唐璜》中的唐璜。与浮士德相反,唐璜否认永恒和实在,他认为一切真理只不过是官能的陶醉,而一切陶醉也只是个梦。

(3)英国剧作家莎士比亚的悲剧《哈姆雷特》中的哈姆雷特。他是一位王子,精力全花在做决定上,反而失去了行动的力量。

(4)西班牙作家塞万提斯的长篇小说《堂吉诃德》中的堂吉诃德。他执着于自己的理想,屡败屡战,因此显得不合时宜,被人嘲笑,被人当作疯子。

(5)德国作家霍夫曼的《魔鬼的万灵药水》中的梅达尔都斯。他是一位僧侣,辗转于灵魂和肉身分裂所带来的痛苦中。

(6)德国作家诺瓦利斯的长篇小说《亨利希·冯·阿夫特尔丁根》中的阿夫特尔丁根。他是一位游吟诗人,想用他的诗歌缓解人们在现实生活中的苦痛,让人的精神摆脱尘世的羁绊。

我们说,这六个人代表着对|世界观〉这个抽象观念的六种不同的认识和理解,即六种不同的表象:浮士德表象、唐璜表象、堂吉诃德表象、哈姆雷特表象、梅达尔都斯表象和阿夫特尔丁根表象。他们各自的生命历程就是|世界观〉在相应的表象中的具体体现。

这六个人成对出现:执着于事物本质的浮士德和沉溺于感官享乐的唐璜是一对;深陷怀疑的泥沼中难以自拔的哈姆雷特和从来不被怀疑麻痹、遵从内心的冲动而勇往直前的堂吉诃德是一对;企盼着神的启示以拯救自我的梅达尔都斯和忘却自我而一心救他人于苦厄的阿夫特尔丁根是一对。

每一个人的观念都有好的一面和不那么好的另一面,我们不能说哪一种观念更好或更糟。成对的两个人的观念是互补的,如果这两个人的观念能够综合在一起,那么该多好啊!在《六人》的结尾,六个人来到了斯芬克司的雕像前。

注 斯芬克司是希腊神话中的怪物,狮身人面,坐在忒拜城附近的悬崖上,拦住过往的路人,让他们猜一个谜语,猜不中者就会被它吃掉。这个谜语是:"什么动物早晨用四条腿走路,中午用两条腿走路,晚上用三条腿走路?腿最多的时候,也正是他走路最慢、体力最弱的时候。"谜底是人。

死气沉沉的石像战栗起来,在这里俯卧了千万年的斯芬克司四肢逐渐分裂开。它的眼睛停止向远方凝视,一道暖洋洋的光亮在它脸上显露出来,它张开冷傲的嘴唇:

"六条路把你们引到我的国土的大门。每一条路都留下你们各自的足迹,但每条路都通向同一目标。当你们各自在自己的路途上奔波的时候,谁也解答不了我的迷。可是现在你们六个人结合到一起,每一个人都感觉到他是一个整体的部分,几个部分合起来就完整了。

"我藏在胸中的古老谜语现在解开了——时候到了。新人类在创造一个新国家,公正和自由结合到一起了。"

古老的雕像崩裂破碎了。一株奇葩,蓝色的,娇艳的,在雕像原来占据的地方破土而出。

新国土的大门打开了。新人类踏上崭新的土地,欢乐的歌声从天空飘来,响彻寰宇。

德国作家赫尔曼·黑塞在长篇小说《纳尔齐斯与歌尔德蒙》中,塑造了两个截然不同却又彼此互补的人物形象。纳尔齐斯是修道院里虔诚的苦修者,是潜心钻研的神学家。歌尔德蒙早年时是一个放荡不羁的流浪者,后来他遇到了一位雕塑大师,并成为其最杰出的弟子。他们各自的人生经历就是两种不同世界观的表象：理性的和感性的、宗教的和世俗的、精神的和感官的、玄学的和艺术的。尽管如此，他俩却是好朋友，都在对方身上发现了自己缺失的东西。

不论是洛克尔还是黑塞，都希望这些不同的观念能够综合在一起，不同的人物形象能够合二为一，甚至合多为一。用我们的话说就是表象的综合（或共存），这是我们稍后要讨论的问题。

7. 讲述"表象"的表象

前面我们从最简单的数字的表象说到了复杂的人性的表象，甚至世界观的表象，所有这些都是为了说明"表象"这个词的意思，所有这些构成了|表象〉这个抽象概念的表象。

8. 表象的综合或共存

我们容易理解和乐于接受的是这样一类事物：当我们从不同的视角审视它们、用不同的观测方式测量它们时，不同的观测方式不会互相干扰，不同的观测结果能够共存，并且保持独立，进而可以放在一起综合考虑。经典事物就是这样的。在这一讲里，我们把观测过程或观测方式称为表象，因此可以说，对于经典事物，不同的表象是可以共存的，也是可以综合的。

我们不容易理解和难以接受的是这样一类事物：当我们从不同的视角审视它们、用不同的观测方式测量它们时，不同的观测方式会相互影响，不同的观测结果不能共存，如果放在一起综合考虑就会出现矛盾。用表象的概念来说就是，用来描述这类事物的不同表象是不能共存的。量子小球就是这样一类事物。稍后我们会继续讨论量子现象，现在让我们再来说说在本讲中提到的用来说明表象的事例。可以看到，表象不能综合或不能共存其实并不奇怪，这也不是量子现象独有的特点，而是广泛地存在于对抽象事物的描述中。

从数字的表象说起。我们可以在苹果表象中用三个苹果表示数字3，也可以在糖果表象中用三颗糖果表示数字 3,但是不能同时拿来三个苹果和三颗糖果向孩子说数字 3,那会把孩子弄糊涂的。当然,这个例子只能说明不同的表象不能共存,但是这两个不同表象不会相互影响。

再来看看体现人性的表象。某个人很勇敢,就是说,在战场表象中表现出勇往直前这个现象;他还是一个乐观且豪迈的人,因为他在酒宴上对酒当歌、谈笑风生——这是他在酒宴表象中的行为。但是,这两个表象不能放在一起,不能让这个人一边打仗一边喝酒。虽然"葡萄美酒夜光杯,欲饮琵琶马上催",似乎是把打仗和喝酒放在了一起,但这个葡萄美酒是在战场表象中出征前的壮行酒,它和用来观察人的性情的酒宴还是有很大差别的。不仅如此,这两个表象还会互相影响。例如,为了观察他的性情,就请他喝酒,而且还不能喝得太少,正所谓"醉"之以酒。可是这会儿"匈奴草黄马正肥,金山西见烟尘飞",有敌人来犯,军情紧急,"汉家大将西出师。"大将本来是很勇敢的,却刚刚醉了酒。虽然表现得既乐观又豪迈,但是在战场上的冲锋陷阵的能力就要大打折扣了。换句话说,在酒宴表象中对一个人的性情的检测过程,在很大程度上改变了他的状态,进而影响了在接下来的战场表象中的检验结果。

洛克尔和黑塞都希望书中的人物形象所代表的世界观能够综合在一起。可是,每一种世界观或价值观都需要长时间的、甚至大半辈子的生命历程才能体现。人的生命是有限的,怎么能让执着于事物本质的浮士德在老态龙钟的暮年开始一段唐璜式的浪子生涯呢?歌德在《浮士德》中让浮士德喝了返老还童的药水,然后浮士德才走出枯坐了 70 年的书房,开始了对生命的另一种体验。然而,现实中并不存在返老还童的药水,垂暮的老人只能独坐窗前,看着夕阳西沉。

在黑塞的笔下,纳尔齐斯与歌尔德蒙也没有合二为一。纳尔齐斯不可能去体验歌尔德蒙走过的人生之路,而歌尔德蒙最终也没有皈依上帝,临死的时候都"不相信存在什么彼岸",不稀罕"那种与他同在的和平"。他们两人最后都是迷惘的,并没有彻底地找到生命的和谐与宁静。

第6讲　再谈量子现象

表象是看待事物的立场,是观察事物的视角,是测量事物的方式。我们说的事物可以是具体的,如经典小球或大象;也可以是抽象的,如感觉或观念。表象的综合或共存并不是显而易见的,有时候甚至是无法实现的。在本讲中,我们要讨论观测微观粒子时涉及的与表象有关的问题,希望能够说明以下两件事情:

(1)相比于经典力学,量子力学的理论体系受到的限制更少。人们对量子现象或量子力学感到奇怪的原因在于经典力学带来的成见。

(2)在一定程度上,如果说经典力学认识世界的方式是"表象的综合",那么量子力学认识世界的方式则是"表象的解构"。

1. 测量过程对应于表象

对于量子世界中的微观粒子,必须通过适当的观测过程才能看到明显的现象,每一个特定的观测过程就是一个特定的表象。在测量仪器上观测到的现象,就被说成是在相应的表象中体现出来的现象。在第4讲中我们讨论了对量子小球的检测,其中的测量过程都可以用表象的语言重新叙述。

生:我们使用C仪器,就是选择了颜色表象;使用H仪器,就是选择了硬度表象?

师：是的。在量子力学中，表象不仅仅表明了我们观测微观粒子的立场和视角，而且还要有一个测量仪器与之对应，哪怕是假想的测量仪器。如我们想了解量子小球的颜色，就选择了颜色表象，但是不能光说不做，要动用C仪器进行观测。

需要注意的是，在量子情形下，不同的测量过程不能对易，因此不同的表象也是不能对易、不能共存的，进而在不同表象中体现出来的量子现象是不能共存的。

生：在第5讲中谈到了一些事例，如感觉、概念或观念等，描述这些抽象事物的表象通常不能共存。这么说来，在量子情形下，表象不能共存，似乎并不是一件让人很难接受的事。

师：这不过就是在"表象不能共存"的事物清单上多加了一项而已。既然我们能够接受用以描述感觉或观念的表象不能共存，那么为什么不能接受用以描述微观粒子的表象不能共存呢？既然没有哪一条准则要求在任何情况下不同的表象必须共存，那么我们就放松心态，"宽容"一点吧。

生：你是说对微观粒子"宽容"一点？

师：是啊，微观粒子们表现得"很不听话"，它们比经典事物更自由，所以我们要对它们"宽容"一点。

2. 限制和自由

在谈论经典事物的时候，表象是一个可有可无的概念。当我们用"这是一个白色的硬球"去描述一个经典小球的时候，谁会关心这句话中用到了颜色和硬度两个表象，谁又会担心这两个表象能否共存？

然而，对于量子世界中的微观粒子，我们就享受不到这样的自由了。不同类型的测量过程不能随意交换次序，不同的表象不能对易，通过不同类型的观测过程得到的观测结果不能共存，不能综合。我们可以说量子小球在颜色检验中表现为白色,也可以说量子小球在硬度检验中表现为硬球。但是,对于序列测量,C-H序列测量和H-C序列测量是不等价的。在C-H序列测量结束后,如果再次追问量子小球的颜色,那么就要老老实实地再做一次颜色检验,一开始的颜色检验的结果并没有参考价值。

生:对于经典事物可以不谈表象,可以畅所欲言。但是对于微观粒子却必须顾忌表象,需要小心谨慎,不能"越雷池一步"。这是不是意味着,经典事物或者经典物理理论受到的限制较少,而微观粒子或者量子物理理论受到的限制较多? 我感觉经典事物更自由,而不是你说的微观粒子更自由。

师:实际上正好相反。在对待经典事物的时候,你感到轻松自由,这恰恰说明经典事物受到的限制更多。例如,动物园里有老虎、狮子等猛兽,它们被关在了笼子里。我们可以在动物园里随意走动、四处闲逛。老虎、狮子受到了限制,而我们是自由的。反之,如果在野外,在有猛兽出没的地方,我们就要小心谨慎,不能到处乱跑了。在一些开放式的野生动物园里,动物们可以无拘无束地随意溜达,而参观的人却要被限制在坚固结实的汽车里。

生:你的意思是,限制或自由不是针对孤立的事物而言的,而是反映在两种或多种事物的相互关系中。某一种事物享受了较多的自由,一定意味着其他事物受到了更多的约束。当我们在观测事物和描述现象的时候感到了较多限制,就说明被观测的事物受到的限制较少,是这样吗?

师:是的。对于经典小球,我们能说"这是一个白色的硬球",但是对于量子小球就不能这么说。对于经典小球,C-H序列测量和H-C序列测量是一回事,但是对于量子小球,它们是两种不同的测量过程。在经典情形下能说的话、能做的事到了量子情形下变得不能说、不能做了,我们观测者受到了限制,反过来就说明微观粒子比经典事物更为自由。

生:看起来微观粒子有些"不听话"。

师:是啊,微观粒子很"不听话",它们似乎在说:"你们观测者认为不同类型的测量可以对易,可以自由地选择不同的序列测量,那是你们的事,我们可不接受这样的安排。"

实际上,经典物理学遵循一种特定的逻辑体系——布尔逻辑。量子物理学遵循另一种逻辑体系,暂且称作量子逻辑吧。两者相比,量子逻辑受到的限制更少。我们不在本书中详细地讨论这个话题。量子力学有着更为宽松的理论体系，大家对此有些感性的认识就可以了。

人们喜欢自由、向往自由。经典世界认可并且接受我们认识方式上的自由，这让我们感到自在。经典世界还具有"所见即是"的明晰和直观，这使得通常的"通过现象看本质"的思维模式不会遇到真正的障碍。在日常生活中，人们接触的大多是经典事物。在认识经典世界的过程中，人们享受着认识方式上的自由，并且锐意进取，综合分析各种观测到的现象，小到从比萨斜塔上下落的铁球，大到在浩瀚太空中运行的天体，然后，站在巨人肩膀上的牛顿书写了《自然哲学的数学原理》。牛顿等人创立的经典力学照亮了自然和自然的法则，对认识自然和推动社会发展起到了巨大作用。于是，非常自然地，我们有了成见，有了习惯性的思维模式，进而天真地认为，经典力学认识世界的方式同样适用于那些"所见未必是"甚至"所见非是"的量子现象和微观粒子。但是，我们没有理由要求微观粒子像经典事物那样"听话"，经典力学并不是解释万事万物的终极"大道"。量子现象之所以显得奇怪，那是相对于成见而言的。抛弃成见，走出习惯性的思维模式，才能解惑、祛魅。

3. 表象的解构

经典事物允许表象的综合，也允许人们将不同类型的现象综合、并置，给出全面的描述，进而探究事物的本质和规律。简单地说，因为"所见即是"，所以就进一步"实事求是"。

对于微观粒子，不同的表象不能对易、不能共存，通过不同的测量过程看到的现象也不能共存。既然如此，我们就质朴一些或者"笨拙"一些，不说长句子，不说结构复杂的话，而且还要言之有据。

生：这听起来很傻啊，明明能用一句话说明白的事，偏要分成几句来说。我要是这么写作文，老师一定会说我啰唆。

师：没办法啊，谁让我们是在讨论微观粒子呢。对于量子小球，不能说"这是一个白色的硬球"之类的话，因为这句话里包含了两个不同的表象，它们不能共存。

生：好吧，我不这么说，我分开来说，"这是一个白球"或者"这是一个硬球"，总该可以了吧？

师：还是不行，因为这些是描述事物本身而不是描述现象的措辞。不能说"是"，只能说在什么场合中"表现出"什么，要说现象。而且还要提醒自己，现象来自测量，如果没有测量过程，那么就不能妄谈现象。

在观测微观粒子、描述量子现象的时候，我们应该首先设置一个明确的测量过程，即立足某一个特定的表象。然后，我们做的事、说的话都要被限制在这个表象中，不能一边站在这个表象中，一边却说另一个表象里的事。例如，我们既然用了C仪器来检测量子小球，那么就是站在颜色表象里了，接着可以说量子小球表现出白色或黑色，但是不能对量子小球的硬度做任何评论，因为我们没有使用H仪器，没有看到量子小球在硬度表象中的行为。

每一种类型的量子现象都伴随着一个特定的表象，不同的表象又不能共存，这使得量子现象表现为一个又一个零散的难以综合的碎片，我把这种碎片化的认识方式称为"表象的解构"。

生：解构？

师："解构"的意思是分解，是"综合"的反义词。既然在量子情形下表象和现象都不能综合，我们就说它们是被解构了。

生：被解构了？神奇的量子世界变成了一地碎片？

师：对现象的解构确实造成了现象的碎片，不过碎片很有用啊。古生物学家发掘出零散的恐龙化石，组合出恐龙的骨架，让我们见识了远古时期巨兽的形象；考古学家发掘出青铜或陶瓷的碎片，能让我们了解一段逝去的文明。

生：等等，你说的这两个例子有些不合适吧。要对零散的恐龙化石进行拼接才能构成骨架，要对文物碎片进行全面分析才能了解古代文明，这些都是对现象进行综合考虑的过程。但是，量子测量和量子现象不能共存，不能综合，你用经典事物的碎片来说量子现象的碎片，我觉得很不妥当。

师：你说得很有道理，是我疏忽了，一不小心就用了经典事例来描述量子世界。应该这么说，虽然不同类型的量子现象不能综合，但是，在量子力学的理论形式中,有一种数学形式负责解释量子现象,这种数学形式称作量子态。

生:量子态? 在第4讲中说过。我们谈到了量子小球的状态,还说那就是量子态。

师:是的。量子态是人们为了解释量子小球构造出来的数学形式,通过量子态,那些量子现象的碎片就有了联系。或者说,人们为碎片化的量子现象建立了一个共同的数学根基。

生:听起来有点意思。两种不同类型的量子现象,如量子小球表现出来的颜色和硬度,很难说它们之间有什么联系,但是量子态就能把它们联系在一起?

师:简单地说是这样的,不过要注意一点,量子现象和量子态不属于同一层次。量子现象是实际存在的事物,但是量子态则是一种数学形式,是用来建立量子理论的。

4. 量子态

到目前为止,我们关于量子世界的讨论只是停留在现象上,下一步就应该考虑如何用数学形式描述并解释量子现象。在本书中,我们只介绍量子力学的重要概念之一——量子态。大家将会看到,那些不能共存的量子现象的碎片将会通过量子态联系在一起。

量子态是为了解释量子现象而构造出来的数学形式,它是一个抽象的概念,引入量子态这个概念的目的是建构量子力学的理论体系。需要强调的是,量子态和量子现象不是一回事,量子态只是一种数学形式,用来预言量子现象的出现概率。

接下来,我们将使用符号"| 〉"来表示量子态。这个符号在第5讲里出现过,当时我们说,用"| 〉"表示这样一类事物——让人难以回答"它是什么"。实际上,"| 〉"是量子力学中的狄拉克符号。狄拉克(1902—1984)是英国著名物理学家,他对量子力学的发展做出了重要贡献。接下来我们逐步解释量子态的含义。

再回顾一个实验过程:对颜色进行重复检验。

如图6.1所示,量子小球通过C仪器后,继续用C1仪器对从白出口出去的量子小球进行颜色检验,用C2仪器对从黑出口出去的量子小球进行颜色检验。检验结果是,在C1仪器上,只有白出口处的指示灯闪亮;在C2仪器上,只有黑出口处的指示灯闪亮。这些实验现象容易理解。现在设想,继续进行颜色检验,这就是图中的C3仪器和C4仪器承担的工作。容易想到,从C1仪器的白出口出去的量子小球,将始终从C3仪器的白出口出去;从C2仪器的黑出口出去的量子小球,将始终从C4仪器的黑出口出去。实际情况也确实如此,而且,不论重复做多少次颜色检验,这些现象都不会发生变化。

根据这些现象,我们在狄拉克符号"| ⟩"中写入"白",用|白⟩表示从C仪器的白出口出去的量子小球的量子态。类似地,用|黑⟩表示从C仪器的黑出口出去的量子小球的量子态。强调一下,|白⟩和|黑⟩都只是数学符号——

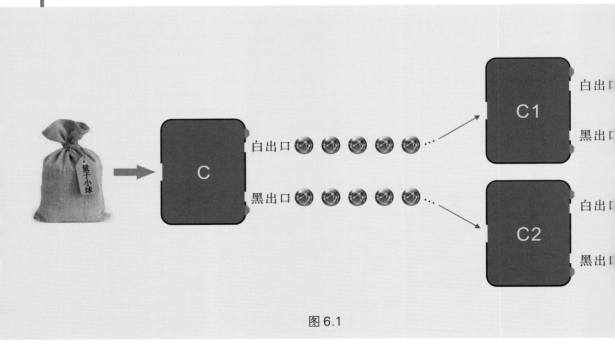

图6.1

描述量子小球状态的符号。它们都是量子态,可以按照一定的规则进行数学运算,但它们不是关于现象的标记。

生:你说什么?|白⟩和|黑⟩不是关于现象的标记?你在狄拉克符号里明明白白地写了"白"和"黑",它们不是颜色检验中表现出来的现象吗?

师:刚刚说过,量子现象和量子态不属于同一层次,我们需要在书写形式上对它们加以区分。但凡出现狄拉克符号时,指的就是量子态,而不是现象。至于在狄拉克符号里写入"白"或"黑",有两方面的原因。一方面,它是量子小球经历了颜色检验并表现为白色或黑色之后的状态;另一方面,它还预示着,如果对处于状态|白⟩的量子小球重复做颜色检验,那么这些量子小球一定会从C仪器的白出口出来,对于处在量子态|黑⟩的量子小球重复做颜色检验,那么这些量子小球一定会从C仪器的黑出口出来。

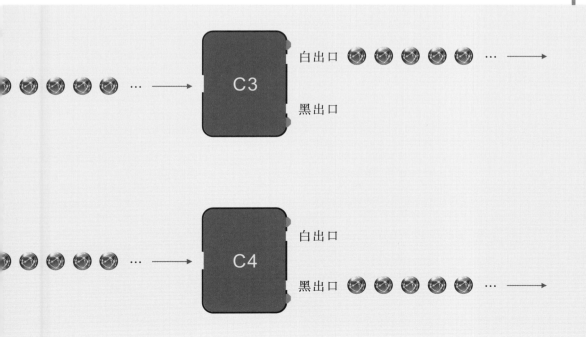

生：也就是说，如果在狄拉克符号里写入了关于现象的描述，那么这个现象不是已经看到的现象，就是以后一定会看到的现象。

师：是这样的。换句话说，如果没有对微观粒子进行测量，没有观察到具体的现象，那么就不能在狄拉克符号里写任何描述现象的词语。例如，在量子小球进入C仪器之前，没有任何现象帮助我们了解它们的状态，因此就不能在狄拉克符号中写入任何关于现象的描述。但是可以写$|量子小球\rangle$，其中没有描写现象的词语；也可以在狄拉克符号中写入某个字母，如写$|\psi\rangle$，这里也没有关于现象的陈述。

用C仪器检测量子小球，可能出现"白"和"黑"两种现象，它们分别对应量子态$|白\rangle$和$|黑\rangle$；用H仪器检测量子小球，可能出现"硬"和"软"两种现象，它们分别对应的量子态记作$|硬\rangle$和$|软\rangle$。

处于量子态$|白\rangle$的量子小球经历了颜色检验后，表现出来的现象是白色，用表象的语言说，处于量子态$|白\rangle$的量子小球在颜色表象中表现为白色，这就是

$$|白\rangle \xrightarrow{\ 颜色表象\ } 白色$$

类似地，

$$|黑\rangle \xrightarrow{\ 颜色表象\ } 黑色$$

长箭头的意思是"表现为"。长箭头的左端是量子态，右端是现象，量子态不是现象，需要经过量子测量才能表现出现象。另外，处于量子态$|白\rangle$或$|黑\rangle$的量子小球经历了颜色检验后，量子态没有改变，如图6.2所示。

引入量子态的概念之后，应该对测量结果做两方面的描述：一方面是具体的现象，如C仪器的某个出口上指示灯的闪亮；另一方面是微观粒子通过测量仪器后的状态，如C仪器白出口上的指示灯闪亮，意味着从白出口出来的量子小球处于$|白\rangle$状态。

处于量子态$|硬\rangle$的量子小球经历了硬度检验后，表现出来的现象是硬球，用表象的语言说，处于量子态$|硬\rangle$的量子小球在硬度表象中表现为硬球，这就是

$$|硬\rangle \xrightarrow{\quad 硬度表象 \quad} 硬球$$

类似地，

$$|软\rangle \xrightarrow{\quad 硬度表象 \quad} 软球$$

而且,处于量子态$|硬\rangle$或$|软\rangle$的量子小球经历了硬度检验后,量子态没有改变,如图6.3所示。

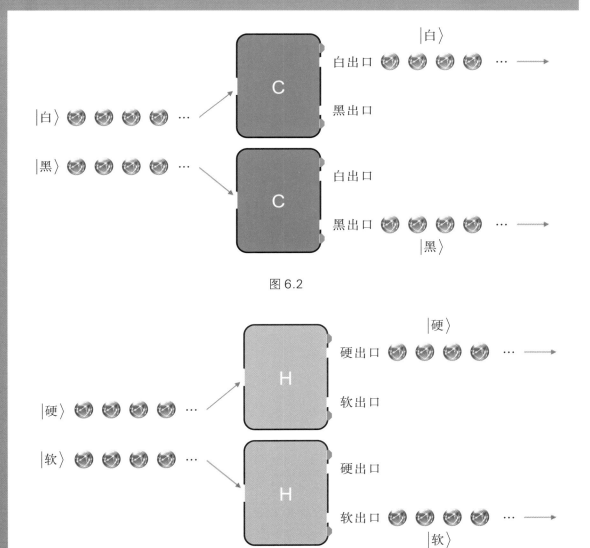

图 6.2

图 6.3

生：看 $|白\rangle$ 得到"白"，看 $|黑\rangle$ 得到"黑"，看 $|硬\rangle$ 得到"硬"，看 $|软\rangle$ 得到"软"，这有什么好说的。

师：目前是没有什么好说的。但是，我们有可能看 $|白\rangle$ 或者 $|黑\rangle$ 得到"硬"或者"软"，也有可能看 $|硬\rangle$ 或者 $|软\rangle$ 得到"白"或者"黑"。

生：这也不奇怪。在前面先做颜色检验再做硬度检验的序列测量中（图6.4）。从 C 仪器的两个出口出来的量子小球应该分别处于量子态 $|白\rangle$ 或者

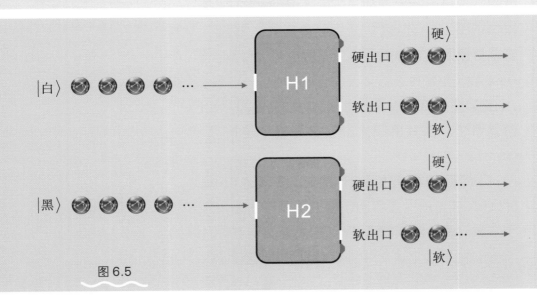

图6.5

|黑〉,它们分别通过H1仪器和H2仪器,不就看到了"硬"和"软"了吗?

　　师:是的,也就是说,处于状态|白〉的量子小球经历了硬度检验之后,有一半的可能性表现为硬球,有一半的可能性表现为软球;处于状态|黑〉的量子小球经历了硬度检验之后也是如此(图6.5)。类似地,我们也知道处于量子态|硬〉或|软〉的量子小球经历颜色检验后的现象和状态(图6.6)。

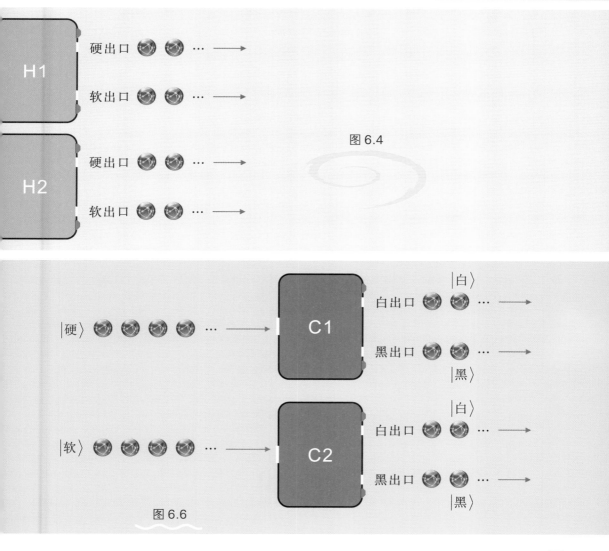

图 6.4

图 6.6

生：我注意到一件事，你刚才说的颜色–硬度序列测量，或者硬度–颜色序列测量，都遇到了表象的变化，前一种情况是从颜色表象变到了硬度表象，后一种情况是从硬度表象变到了颜色表象。

师：对，表象的转换引出了一个重要的话题，这就是量子态的叠加。

5. 量子态的叠加

量子小球的状态$|白\rangle$或$|黑\rangle$是相对于颜色表象而言的，现在我们要用H仪器对它们做硬度检验，这属于硬度表象中的事。量子小球进入H仪器之前的量子态$|白\rangle$或$|黑\rangle$已经是过去的历史了，现在它们将面临一个新的场景。类似地，用C仪器检验处于量子态$|硬\rangle$或$|软\rangle$的量子小球，也面临着表象的转换。

我们说过，在量子情形下，不同的表象不能共存。我们还说过，量子力学以"表象的解构"这种方式描述微观粒子。以H仪器检验量子态$|白\rangle$或$|黑\rangle$为例，现在我们开始在硬度表象中说话、做事。

在硬度表象中说话指的是，在硬度表象中用数学形式表示即将进入H仪器的量子小球的状态，即$|白\rangle$或$|黑\rangle$；在硬度表象中做事指的是，用H仪器进行观测，并记录硬出口和软出口上指示灯闪亮的次数。

生：为什么要在硬度表象中用数学形式表示量子态$|白\rangle$或$|黑\rangle$？

师：因为$|白\rangle$或$|黑\rangle$是颜色表象里的说法，现在转换到了硬度表象，就应该将它们重新表示。打个比方，你想去一个陌生的地方旅游，那里的人说的是当地方言或者外语，你怎么和那里的人交流？你要学习那里的语言，把自己的想法用那里的语言表示。

生：就是说，要入乡随俗，到什么山上唱什么歌。

师：是啊，现在我们要在硬度表象中说话、做事，再写$|白\rangle$或者$|黑\rangle$就不大合适了。如何在硬度表象中表示这些量子态，这个问题还真不好回答，让我们回忆一下第5讲中谈过的数字的表象。

（1）再说数字3

在苹果表象中，数字3表现出的现象是三个苹果，现在还要把表象和数学形式联系起来。让我们说得具体一点，如果一只手里拿着三个苹果，那么就说这是"一只手拿苹果"表象。在这个表象中，现象是三个苹果，有一个数学形式与数字3对应，记作$|3\rangle$。

如果一只手里拿一个苹果，另一只手里拿两个苹果，那么就说这是"两只手拿苹果"表象。在这个表象里，现象是"一个苹果＋两个苹果"，根据这个现象，可以想到，与此对应的数学形式应该是$|1\rangle+|2\rangle$。而且，在"两只手拿苹果"表象中，还可以看到与数字1对应的$|1\rangle$和与数字2对应的$|2\rangle$。

生：等等，有点乱。怎么有3，还有$|3\rangle$；有1和2，还有$|1\rangle$和$|2\rangle$，这都是什么啊？

师：唉，我是想用数字相加这个简单的例子类比量子态的叠加，我也知道这个例子不大合适，可是我快黔驴技穷了，想不到别的说法了，再忍耐一下吧。这么说吧，数字是抽象的事物，我想把这些抽象的数字表示为数学形式……

生：数字3已经是一种数学形式了，干吗还要写成$|3\rangle$？

师：我承认，我把简单的问题复杂化了，但这是有目的的。我把3表示为$|3\rangle$，是为了表达这样的意思：在苹果表象中观测数字3，会看到三个苹果，而且是拿在一只手里的。在观测前，数字3的状态就是$|3\rangle$。

生：这就是你前面说的，表象不但和现象有关，而且还和数学形式有关？

师：是的。在"一只手拿苹果"表象中，数字3表示为$|3\rangle$。在"两只手拿苹果"表象中，我们看到的现象是"一个苹果＋两个苹果"，那么就认为，在观测数字之前，数字3的状态是$|1\rangle+|2\rangle$。

我们有意地设置了两个表象，"一只手拿苹果"表象和"两只手拿苹果"表象。数字3的数学形式有两种：

在"一只手拿苹果"表象中，$|3\rangle$

在"两只手拿苹果"表象中，$|1\rangle+|2\rangle$

既然这两种数学形式描述的是同一个数字3，那么我们就认为它们是等

价的，即"$|3\rangle=|1\rangle+|2\rangle$"，这就是将"一只手拿苹果"表象中的$|3\rangle$表示为"两只手拿苹果"表象中的$|1\rangle$和$|2\rangle$的叠加。

（2）$|白\rangle$表示为$|硬\rangle$和$|软\rangle$的叠加

从C仪器的白出口出来的量子小球的状态是$|白\rangle$，面临硬度检验，观测到的现象将是硬球和软球各占一半。让我们和前面谈到的数字3做一个类比。

数字$|3\rangle$ ↔ 量子小球

"一只手拿苹果"表象中$|3\rangle$ ↔ 颜色表象中$|白\rangle$

"两只手拿苹果"表象中$|1\rangle+|2\rangle$ ↔ 硬度表象中$|硬\rangle+|软\rangle$

这就是说，我们把量子态$|白\rangle$表示为另外两个量子态$|硬\rangle$和$|软\rangle$的叠加，即"$|白\rangle=|硬\rangle+|软\rangle$"。

生：你说的类比有点道理，可我还是有点搞不懂。"3＝1＋2"这谁都知道，改写为"$|3\rangle=|1\rangle+|2\rangle$"也能说得过去，而且从现象上说也很直观——三个苹果当然等于一个苹果加两个苹果。但是，说到"$|白\rangle=|硬\rangle+|软\rangle$"就有些奇怪了，从现象上说，白色不能等于硬球加软球吧？

师：这是一个很好的问题，它说明了量子现象的独特之处。首先要强调一下，"$|3\rangle=|1\rangle+|2\rangle$"是一个数学形式，"$|白\rangle=|硬\rangle+|软\rangle$"也是一个数学形式，等号左右两端的项分别属于不同的表象……

生：打断你一下，这里我又有一个问题。我们不是说过，不同的表象不能共存吗？你怎么能在分属不同表象的数学形式之间画等号呢？

师：在第4讲谈论量子现象的时候，我们指出，不同类型的量子现象不能共存；在本讲中，我们继续说，在观测微观粒子的时候，不同的表象不能共存。也就是说，如果观察到的现象不能共存，那么相应的表象不能共存。反之，如果表象不能共存，那么相应的观测结果不能共存。

生：表象能否共存是需要和观测结果放在一起说的？

师：是的。我们只是在颜色表象中写下了量子态$|白\rangle$，又在硬度表象中把它表示为$|硬\rangle+|软\rangle$。我们不过是在不同的表象中写出了量子态的不同的

表示形式,既没有进行测量,也没有看到实验现象。

生:也就是说,对量子态的数学形式而言,表象无所谓共存或不能共存?

师:正是这个意思。表象是我们描述或观测事物(尤其是抽象事物)的视角或方式。在观测真正开始之前,我们当然可以设想不同的测量方式。例如,对量子小球而言,我们可以设想在颜色表象中用C仪器观测,也可以设想在硬度表象中用H仪器观测。

生:如果设想在颜色表象中用C仪器观测,那么就需要在颜色表象中写出量子态的数学形式,如$|白\rangle$;如果设想在硬度表象中用H仪器观测,那么就需要在硬度表象中写出量子态的数学形式,如$|硬\rangle+|软\rangle$。是这样吗?

师:是的。当我们在不同的表象中写下不同的数学形式的时候,测量尚未开始,现象尚未出现,此时还没有遇到表象能否共存的问题。这就如同你去陌生的地方旅游,想和当地人交流,你的头脑里有两种语言的表象,一种是母语表象,另一种是外语表象。你可能先要在母语表象中想好要表达的意思,然后在外语表象中想好该怎么说。你在想的时候,在头脑中做的事情就是在两个语言表象间来回切换,但是你还没有开口说话。

生:一旦开口说话了,想法就变成了听得见的语言,变成了现象。

师:是这样的,想法变成了语言,这就有了现象不能共存——你不能在一句话里既说母语,又说外语。

生:当想法蕴藏在头脑中的时候,我们可以思考在多个不同的语言表象中如何表述同一个想法。同一个量子态也可以在多个不同的表象中有着不同的形式,它既可以在颜色表象中表示为$|白\rangle$,也可以在硬度表象中表示为$|硬\rangle+|软\rangle$,而且"$|白\rangle=|硬\rangle+|软\rangle$",我大概能够接受这个等式了。那么回到刚开始的问题:这个等式没有得到现象的支持,我们不能说白色等于硬球加软球吧。

师:是的,硬球和软球这两种现象相加,不可能给出白色这个现象。虽然我们把数字3和量子小球做了类比,但是数字3毕竟不是属于量子世界的微观粒子。对于数字3,不但在数学形式上有等式"$|3\rangle=|1\rangle+|2\rangle$",而且对应在实际现象上,也有"三个苹果=一个苹果+两个苹果"这样一个普通的算术

等式。对于量子小球而言,等式"|白⟩=|硬⟩+|软⟩"不能在现象上对应"白=硬+软"。所以,这个类比不是很恰当,但我们也只能接受这个类比中不恰当的地方,并且认识到不恰当的起因正是量子现象的独特性。

对于处在量子态|黑⟩的量子小球,经历了硬度检验之后,从H仪器的硬出口和软出口出去的量子小球各占一半。根据这个现象,我们可以把|黑⟩表示为|硬⟩和|软⟩的叠加,但是不能写为"|黑⟩=|硬⟩+|软⟩"。因为,如果这么写的话,那么就有|白⟩=|黑⟩,这显然是不对的,正确的表述是"|黑⟩=|硬⟩-|软⟩"。反之,|硬⟩或|软⟩可以表示为|白⟩和|黑⟩的叠加。

生:根据"|白⟩=|硬⟩+|软⟩"和"|黑⟩=|硬⟩-|软⟩",我可以得到"|硬⟩=$\frac{1}{2}$|白⟩+$\frac{1}{2}$|黑⟩"和"|软⟩=$\frac{1}{2}$|白⟩-$\frac{1}{2}$|黑⟩",这里的系数$\frac{1}{2}$有什么意义吗?

师:在前面的叙述中,为了形式上的简洁,我们并没有对叠加形式中的系数进行严格的讨论。实际情况是这样的:

$$|白⟩ = \frac{1}{\sqrt{2}}|硬⟩ + \frac{1}{\sqrt{2}}|软⟩$$

$$|黑⟩ = \frac{1}{\sqrt{2}}|硬⟩ - \frac{1}{\sqrt{2}}|软⟩$$

$$|硬⟩ = \frac{1}{\sqrt{2}}|白⟩ + \frac{1}{\sqrt{2}}|黑⟩$$

$$|软⟩ = \frac{1}{\sqrt{2}}|白⟩ - \frac{1}{\sqrt{2}}|黑⟩$$

生:叠加形式中的系数为什么是这样啊?看起来怪怪的。

师:如果要弄清楚叠加形式中的这些系数,那么就需要更多的数学知识,在这里无法继续讨论。但是,有一点值得指出,叠加形式中的系数可以告诉我们一件很重要的事——不同的观测结果出现的可能性。

生:我知道,如果用C仪器观测量子态|白⟩,那么白出口的指示灯一定闪亮,而黑出口的指示灯一定不亮。我还知道,如果用H仪器观测量子态|白⟩,那么H仪器的硬出口和软出口的指示灯闪亮的次数各占一半。你的意思是,这些实验现象出现的可能性可以用叠加形式中的系数来解释?

师：是的。现在让我们看看叠加形式的量子态 $\frac{1}{\sqrt{2}}|硬\rangle + \frac{1}{\sqrt{2}}|软\rangle$。

生：这是量子态 $|白\rangle$ 在硬度表象中的形式吗？

师：是的。用H仪器观测量子态 $|白\rangle$，就应该将 $|白\rangle$ 在硬度表象中表示为 $\frac{1}{\sqrt{2}}|硬\rangle + \frac{1}{\sqrt{2}}|软\rangle$。针对这个叠加形式，量子力学对观测结果给出了这样的理论预言：看到硬出口上指示灯闪亮的可能性就是 $|硬\rangle$ 前面的系数 $\frac{1}{\sqrt{2}}$ 的平方，也就是" $\frac{1}{\sqrt{2}} \times \frac{1}{\sqrt{2}} = \frac{1}{2}$"；同样的，看到软出口上指示灯闪亮的可能性就是 $|软\rangle$ 前面的系数 $\frac{1}{\sqrt{2}}$ 的平方，也是 $\frac{1}{2}$。量子力学给出的理论预言与实际的观测结果相符合。

生：可能性等于叠加形式中的系数的平方，这挺有意思啊。我来试着计算一下用C仪器观测量子态 $|白\rangle$ 时观测结果的可能性。$|白\rangle$ 已经是颜色表象中的数学形式了，它前面的系数是1，所以观测到现象白的可能性就是1的平方，等于1，说明C仪器的白出口上的指示灯必然闪亮。

师：是这样的。而且，在量子态的数学形式中没有出现 $|黑\rangle$，换句话说，$|黑\rangle$ 的系数可以看作0，因此观测到现象黑的可能性等于0，说明C仪器的黑出口上的指示灯始终不亮。

还有一点需要说明一下，在量子态的叠加形式中，叠加系数可以是复数，在这种情况下，就要计算这些复数的模的平方，这属于更深一些的数学内容，大家可以暂不理会。

6. 感觉或观念中的叠加形式

本讲的内容很抽象，大家读起来可能会觉得枯燥之味，现在让我们放松一下，聊一聊庄子说的一个故事——昭文鼓琴。

战国时期的思想家庄子在《齐物论》里说了一件事："有成与亏，故昭氏之鼓琴也；无成与亏，故昭氏之不鼓琴也。"其中的昭氏，相传是春秋时的琴师昭文，他的琴弹得非常好。可是后来，他再也不弹琴了。对于昭文不再鼓琴的原因，有很多种解释。常见的解释是，昭文觉得每弹奏一个音符，在这一瞬间，就不能再弹奏其他的音符。怎么能让所有的音符同时奏响呢？再高明的琴师也办不到啊，于是只能独坐琴前，一音不发。一音不发而五音俱全，万籁毕至。

生：昭文是一位有名的琴师，不会不知道同时弹奏所有的音符是不可能的，为什么还要执着于这一不可能的事情呢？

师：是啊，我觉得昭文是想诉说复杂的情感，或者想表达普适的道理。情感越复杂，道理越普适，则概念或观念越抽象，越是难以找到合适的表象来表示它们。

生：我想起鲁迅的一句话："当我沉默着的时候，我觉得充实；我将开口，同时感到空虚。"

师：是这个意思。春秋时期的思想家老子说："大道无形。"大道就是万事万物的终极道理，"形"用表象的概念来说，就是在特定表象中的具体形式。"大道无形"的意思是，没有哪一个表象能够体现万事万物的终极道理。

我们不知道昭文想表达怎样的情感，但可以肯定的是，这种情感比较复杂。有点儿像是欣喜，也有点儿像是悲伤；可能既不像是欣喜，也不像是悲伤……怎么说呢，悲欣交集？这种情感可表示为叠加形式|欣喜⟩+|悲伤⟩。

昭文当然能够用琴声表达|欣喜⟩，也能用琴声表达|悲伤⟩，可是怎么表达处于叠加形式的|欣喜⟩+|悲伤⟩呢？昭文冥思苦想，他在寻找什么呢？

生：我觉得，他在找|白⟩。

师：|白⟩？昭文鼓琴和|白⟩有什么关系？

生：前面刚刚说过，如果量子小球的状态在硬度表象中表示为叠加形式|软⟩+|硬⟩，那么在颜色表象中的形式就是简单的|白⟩。昭文面临的情感状态是|欣喜⟩+|悲伤⟩（类比于|硬⟩+|软⟩），如果昭文能够找到某个表象，在这个表象中他想表达的情感可以表示为简单的、非叠加的形式，如|终于找到啦⟩

（类比于$|白\rangle$），那么昭文就能够用琴声表达悲欣交集。

师：这是一个很有意思的类比。对于量子小球，可以有等式"$|硬\rangle+|软\rangle=|白\rangle$"；但是对于昭文来说，他面对"$|欣喜\rangle+|悲伤\rangle=|?\rangle$"，其中的问号就是困扰他的难题。昭文面临一个困境——一个关于音乐表现力的困境。实际上，昭文面临的是关于表象的困境——类似于想要表现$|大道\rangle$的时候无"形"可用的困境。

人的情感往往有着不同的表现。以乡愁为例，既可以表现为归心似箭，杜甫诗云"即从巴峡穿巫峡，便下襄阳向洛阳"，恨不得马上回到家里，与亲人团聚；又可以表现为近乡情怯，唐朝的宋之问有诗："近乡情更怯，不敢问来人"，在离家乡十来里的地方徘徊不前，心存忧虑：亲友安然无恙？故乡仍然像我离开时那样杨柳依依？归心似箭和近乡情怯是乡愁的两种不同的表现形式，或者说表现出来的不同侧面。游子的心情可以用叠加形式表示为$|归心似箭\rangle+|近乡情怯\rangle$。

人们的内心活动经常处于这样一类叠加形式。单独描述其中的某一种情绪是容易的，但显得苍白而贫乏；综合体现多种情绪的愿望是美好的，但难以实现，以至于面临无言或失语，或者顾左右而言他——"却道天凉好个秋"。

7. 对叠加形式的认识

前面我们提到了在不同的表象中表示同一个量子态，这么做的原因是，我们想用不同的测量仪器对微观粒子进行观测。如果量子小球处于状态$|白\rangle$，而我们想做硬度检验，那么就要把$|白\rangle$在硬度表象中表示为叠加形式$|硬\rangle+|软\rangle$（这里省略了系数$\frac{1}{\sqrt{2}}$）。对于这个叠加形式，最朴素的观点（观点1）：量子小球处于量子态$|硬\rangle+|软\rangle$。

生：这个观点似乎啥也没说，这有意义吗？

师：它的意义在于为我们提供一个稳妥的出发点，帮助我们分析由此出发能前进多远。你不妨考虑一下,接下去还能说什么?

生:根据以前的讨论,我可以得到观点2:用H仪器测量处于状态|硬⟩+|软⟩的量子小球的硬度,将会看到,或者硬出口上的指示灯闪亮,或者软出口上的指示灯闪亮,可能性各为50%,但是它们不会同时闪亮。

师:完全正确。在观点2中有一个很重要的前提条件——用H仪器进行硬度检验。如果把这个前提条件换成用C仪器进行颜色检验,那么C仪器的白出口上的指示灯一定会闪亮,而黑出口上的指示灯一定不会闪亮。因此,只看量子态是不能谈论现象的。这正是我们再三强调的:<u>没有测量就不能谈论现象,更不能谈论某个现象出现的可能性。脱离测量谈论现象,这是妄语</u>。

观点1说的是量子小球所处状态的数学形式,即量子态;观点2说的是该形式的量子态在特定的测量过程中表现出来的现象。这两个观点都是正确的,但是一不小心就会说一些似是而非的话。我们来看看这样一个说法,观点3:量子态|硬⟩+|软⟩表明,量子小球可能处于状态|硬⟩,也可能处于状态|软⟩。

生:在这个说法里,既没有提到测量,也没有出现关于现象的描述,应该是正确的吧?

师:我们来分析一下。在观点3中,有"可能……也可能……"这样的句式,请你告诉我,怎么理解这种形式的叙述?

生:很简单啊!例如明天可能下雨,也可能不下雨。其意思就是两种情况,必居其一。量子小球有可能处于状态|硬⟩,也有可能处于状态|软⟩,可能性都是50%。

师:观点3确实没有谈论现象,而且还可以解释在硬度检验中表现出来的实验结果——量子小球以50%的可能性表现出现象"硬"和现象"软"。然而,请你考虑一下,根据观点3,如果用C仪器检测量子小球的颜色,会出现什么结果呢?

生:如果量子小球处于状态|硬⟩(这个可能性是50%),那么它通过C仪器后,有一半的可能性表现出现象"白",以及一半的可能性表现出现象

"黑";如果量子小球处于状态|软⟩(这个可能性还是50%),那么它通过C仪器后,还是有一半的可能性表现出现象"白",以及一半的可能性表现出现象"黑"。

师:是的。如果有一大袋这样的量子小球,那么观点3给出的结论是,它们通过C仪器之后,我们可以看到两个出口上指示灯都闪亮。可是我们前面说过,量子态|硬⟩+|软⟩在颜色表象中的形式是|白⟩,因此颜色检验的结果是所有的量子小球都表现出现象"白",黑出口上的指示灯永远不会闪亮。

生:这么看来,观点3是错误的。

师:"可能性"这个词是用来描述现象的,不能用来描述叠加形式中的各个成员。具体地讲,我们可以说处于量子态|硬⟩+|软⟩的量子小球在硬度检验中表现为现象"硬"和现象"软"的可能性,但是不能抛开测量,不能仅仅针对叠加形式|硬⟩+|软⟩来说量子小球处于状态|硬⟩或|软⟩的可能性。

生:既然观点3是错误的,我就再换个说法,观点4:量子态|硬⟩+|软⟩表明,量子小球既处于状态|硬⟩,又处于状态|软⟩。

师:还是让我们在具体的实验中考察观点4是否正确。设想对量子小球做硬度检验。状态|硬⟩意味着现象"硬"(即H仪器硬出口上的指示灯闪亮),状态|软⟩意味着现象"软"(即H仪器软出口上的指示灯闪亮)。观点4中的量子小球既处于状态|硬⟩,又处于状态|软⟩,换句话说,量子小球同时处于状态|硬⟩和状态|软⟩,这就意味着H仪器的两个出口上的指示灯同时闪亮。真实的实验结果却不是这样的。

生:折腾了一圈,还是回到了最原始的,同时也是最朴素的观点1。

师:是啊,叠加形式的整体就是量子小球的状态。如果想有进一步的描述,那就结合具体的测量过程,指出观测到的现象及其出现的可能性,如观点2。

量子态的叠加,是量子力学中的基本问题,也是容易引起困惑的问题。仅仅就数学形式而言,量子态的叠加方式是很自由的。我们既可以将|白⟩和|黑⟩叠加在一起,也可以将|硬⟩和|软⟩叠加在一起,还可以将|白⟩和|硬⟩叠

加在一起。

生：请等一下，|白〉和|黑〉都是颜色表象中的量子态，把它们叠加在一起，我能接受，同样的，我也可以接受在硬度表象中|硬〉和|软〉的叠加。但是，|白〉和|硬〉却分别属于两个不相容、不共存的表象，它们能叠加在一起吗？

师：可以啊。虽然颜色表象和硬度表象不相容、不共存，但是表象能否共存需要和观测结果放在一起说。在没有做测量的时候，量子态作为一种数学形式，并不受到表象的限制。|白〉和|硬〉的叠加是允许的。

生：好吧，那么我们怎么理解|白〉+|硬〉这种形式的量子态呢？我能不能仿照前面对|硬〉+|软〉的表述，从而认为，观测处于状态|白〉+|硬〉的量子小球，可以有一半的可能性看到白球现象，有一半的可能性看到硬球现象？

师：在你的叙述中，漏掉了一个很重要的条件——你是用什么仪器观测的？或者说，你是在什么表象中看问题的？不要忘了，先要有测量过程，然后才会有实验现象。

生：那我试着用H仪器观测。用H仪器就是选择了硬度表象，在硬度表象中，叠加形式|白〉+|硬〉中的|硬〉已经是硬度表象中的量子态了，不需要做任何改变，但是|白〉却是颜色表象中的量子态，需要把它改写为硬度表象中的形式吗？

师：是的，现在量子态|白〉+|硬〉面临硬度检验，表象应该介入了。在硬度表象中，应该将|白〉表示为|硬〉+|软〉的形式，然后再和|硬〉叠加，最后的形式是：

$$系数1 \times |硬\rangle + 系数2 \times |软\rangle$$

在这里，系数$1 \approx 0.92$，系数$2 \approx 0.38$，这两个系数的计算需要用到更多的数学知识，这里就不再展开叙述了。

生：这么看来，用H仪器观测处于量子态|白〉+|硬〉的量子小球，得到硬球现象或软球现象的可能性都不是50%了，是吧？

师：是的，都不是50%。实际上，观测到现象"硬"的可能性大约是85%，观测到现象"软"的可能性大约是15%。

生：我来说说另一种情况。如果用C仪器观测处于量子态|白⟩+|硬⟩的量子小球，那么就应该在颜色表象中重新表示这个量子态，也就是说，把|硬⟩表示为|白⟩和|黑⟩的叠加，然后再和原有的|白⟩继续叠加，最终的形式是|白⟩和|黑⟩的叠加，是这样吧？

师：正是这样。这就是我们以前说的，在确定的表象中说话、做事，也就是俗话所说的"到什么地方说什么话，到什么山头唱什么歌"。

以上内容讨论的是量子态的叠加。我想再次强调：量子态的叠加说的是数学形式上的叠加，压根儿不是现象的叠加，实际上也不存在现象的叠加。在我们对微观粒子进行观测之前，用来描述微观粒子的量子态只是一个抽象的数学概念，我们构造这个抽象的数学概念的目的是解释观测到的量子现象的可能性。

8. 不确定关系

我们再来分析等式"|白⟩=|硬⟩+|软⟩"。这个等式告诉我们，量子小球的状态可以在颜色表象中表示为|白⟩，也可以在硬度表象中表示为|硬⟩+|软⟩。从现象上说，在C仪器上始终出现现象"白"而不会有现象"黑"，在H仪器上出现现象"硬"和现象"软"的可能性各为50%。也就是说，颜色检验给出了确定的结果，而硬度检验给出了随机的结果。

这体现了量子现象的一个基本特征：对微观粒子进行不同类型的测量（即在不同的表象中观测微观粒子），不可能都得到确定的观测结果。这一基本特征被称为不确定关系。不同类型的量子现象不能共存，这实际上是不确定关系的体现。

生：我觉得不确定关系很奇怪，难以理解。以前讨论表象的时候我们说过，在不同的表象中，事物可以表现出不同的形式，即所谓"横看

注 测量过程会改变微观粒子的状态。这导致了另一种类型的不确定关系，即测量-扰动不确定关系，在这里就不展开讨论了。

成岭侧成峰",这不难理解。可是对于微观粒子呢,如量子小球,假设它处于量子态$|白\rangle$,那么在颜色表象中的检验结果是现象"白",相当于"横看成岭"。然而在硬度表象中的检验结果是各以50%的可能性表现出现象"硬"和现象"软",这岂不是"侧看成峰"或"侧看成谷"?

师:"横看成岭侧成峰"只是一个比喻。对于经典事物,甚至抽象的感觉或观念,这个比喻还算是恰当的。但是微观粒子展现出来的量子现象更加奇特,我真的找不到一个通俗的类比来说明量子力学中的不确定关系。

生:我有个想法,不知道是否合适。在讲叠加形式的时候,我们说过一个例子——旅行者和当地人交流。如果用母语表达自己的想法,那么我们的语言是清晰而准确的。也就是说,我们头脑中的想法在母语表象中可以表现为确定的现象。如果用外语来说,很可能由于词不达意而产生歧义,不易让当地人理解。这相当于在外语表象中我们的想法表现出不确定的现象。

师:很有意思的类比,可以作为不确定关系的形象理解。

生:会不会有这样的量子小球,对它做颜色检验和硬度检验的结果都是不确定的?

师:当然有。在讨论叠加形式的时候,我们提到了$|白\rangle+|硬\rangle$。如果量子小球处于这样的量子态,那么颜色检验和硬度检验的结果都不是确定的。

生:是的,我想起来了。如果要检验处在状态$|白\rangle+|硬\rangle$的量子小球的颜色,就要把$|硬\rangle$表示为颜色表象中的$|白\rangle+|黑\rangle$;如果要检验硬度,就要把$|白\rangle$表示为硬度表象中的$|硬\rangle+|软\rangle$。

师:不论在哪个表象中,量子小球都处于叠加态,因此相应的检验结果都是不确定的。这正是我们之前说过的,绝大多数量子现象都具有不确定性。

生:不过,处于状态$|白\rangle+|硬\rangle$的量子小球在硬度检验中表现出现象"硬"或"软"的可能性不是50%,在颜色检验中表现出现象"白"或"黑"的可能性也不是50%。于是让我感到奇怪的是,在第4讲讨论量子小球的时候说过,有一袋子量子小球,颜色检验的结果是"白"和"黑"各占一半,硬度检

验的结果是"硬"和"软"各占一半,请问这一袋量子小球处于什么状态呢?

师:本来我想回避这个话题的,现在看来是躲不掉了。那一袋子量子小球处于混合态。

9. 纯态和混合态

先让我们回顾一下观点3:量子态|硬⟩+|软⟩表明,量子小球可能处于状态|硬⟩,也可能处于状态|软⟩。这个观点是错误的。现在,我们去掉观点3中的"量子态|硬⟩+|软⟩表明",进而考虑这样的可能性:量子小球可能处于状态|硬⟩,也可能处于状态|软⟩。

生:在前面说过,可能性是用来描述现象的,现在怎么又用来描述量子态了呢?

师:对于叠加形式,如|硬⟩+|软⟩,确实不能用可能性描述其中的|硬⟩和|软⟩。但是现在我们不是在谈论叠加,而是在谈论混合。

生:混合? 就像是把经典小球中的硬球和软球装在一个袋子里?

师:正是这样,只不过混合的对象是量子小球而不是经典小球。

设想我们有一袋子量子小球,其中的每一个都处于状态|硬⟩,也就是说,如果用H仪器检验它们的硬度,一定会看到硬出口的指示灯闪亮,而软出口的指示灯不亮。我们还有一袋子处于状态|软⟩的量子小球。现在把两个袋子里的量子小球装在同一个袋子里,这个过程就是混合。然后我们就说,装在混合后的袋子里的量子小球处于混合态。

接下来我们对混合态做检验。假设参与混合的两种量子小球(分别处于状态|硬⟩和状态|软⟩)的个数是一样的。用H仪器做硬度检验,其结果是,表现为现象"硬"和现象"软"的可能性都是50%。用C仪器做颜色检验,其结果是,表现为现象"白"和现象"黑"的可能性也都是50%。这是因为,不论混合在袋子里的某一个量子小球处于状态|硬⟩,还是状态|软⟩,颜色检验的结果都是现象"白"或现象"黑"出现的可能性均为50%。

生:听起来很简单。我想知道的是,叠加态和混合态有什么区别呢?

师：叠加态和混合态是截然不同的两个概念。对于叠加态，我们不能谈论可能性，必须结合具体的测量过程才能说某些现象出现的可能性。而混合态中包含可能性，它是不同的量子态以一定的可能性混合在一起。对于叠加态，虽然在某个表象中的检验结果是不确定的，但是在原则上我们可以找到另一个表象，其中的检验结果是确定的。

生：例如叠加态$|硬\rangle+|软\rangle$，硬度检验的结果是不确定的，但是它在颜色表象中的形式就是$|白\rangle$，颜色检验的结果是确定的。

师：是的。在这个意义上，我们把$|白\rangle$、$|黑\rangle$、$|硬\rangle$、$|软\rangle$及其叠加形式$|白\rangle+|黑\rangle$、$|白\rangle+|硬\rangle$等称为纯态。

生：我觉得叠加态$|白\rangle+|硬\rangle$不大好办，在什么表象中它能表现出确定的现象呢？

师：一直以来，我们讨论量子小球的时候只用了两个表象——颜色表象和硬度表象。量子小球不过是粒子自旋的通俗的、简化的模型。对于自旋来说有无穷多个表象，其中确有一个表象能让形如$|白\rangle+|硬\rangle$的量子态表现出确定的观测结果。

生：这么说来，对于处在混合态的微观粒子，永远不可能看到确定的观测结果了？

师：是的。这就是纯态和混合态表现在观测结果上的区别。

生：我想，这在数学形式上也是有区别的吧？

师：当然有区别。我不准备说更多的数学内容了，只是强调一点，当我们把处于状态$|硬\rangle$和处于状态$|软\rangle$的量子小球各以50%的可能性混合在一起后，绝对不能把混合态的形式表示为$\frac{1}{2}|硬\rangle+\frac{1}{2}|软\rangle$。

　　本书的主题词只有两个:表象、量子态。讨论这两个主题词的出发点是量子现象。概括地说,在特定的表象中观测量子态,得到量子现象。

　　量子态是量子理论中为了描述量子现象而特意构造出来的数学形式。量子态承担的任务是解释或预言在测量过程中量子现象出现的可能性。需要注意的是,如同量子系统不能等同于量子现象一样,量子态绝不能等同于量子现象出现的可能性。量子现象及其出现的可能性只能通过测量过程体现在观测仪器上,而不是在数学形式中。

　　在不同的表象中,同一个量子态具有不同的表示形式,这些不同的表示形式可以通过数学变换联系起来。就量子态的数学形式而言,不存在表象能否共存的问题。用不同的仪器观测微观粒子,得到了不同类型的、不能共存的量子现象,在这个意义上,不同的表象不能共存。这是量子力学的重要特征。

　　由于不同的表象不能共存,我们只能以解构的而不是综合的认识方式对待量子世界,量子现象因此表现为零散的难以综合的碎片。但是零散的碎片有着共同的根基——量子态。

　　本书用了一些类比来解释抽象的量子理论。类比只是类比,不可能是替代。用幻形怪类比微观粒子,可以帮助我们理解这样一些问题:(1)对于微观粒子我们难以回答"它是什么";(2)在不同的表象中观测到的现象是不相容的。但是幻形怪这个类比不能说明量子态的叠加,也不能说明不确定关系。同样的,在第5讲中的很多例子也不能替代量子力学中的表象的概念。

我们可以把"量子力学"写在狄拉克符号里:$|量子力学\rangle$。为了理解$|量子力学\rangle$,需要有多个不同的表象。在某一个表象中,我们找到一个通俗易懂的类比用来体现在该表象中对$|量子力学\rangle$的认识。在另一个表象中,我们有另一个类比、另一种认识。不同的表象未必相容、未必共存。虽然如此,不同的表象、不同的类比有着共同的根基——$|量子力学\rangle$。波兰数学家巴拿赫说过:"能看到类比的数学家是好的数学家,能看到类比之间的类比就是伟大的数学家。"

在本书中,量子小球是讨论量子力学的通俗模型,它实际上对应微观粒子的自旋。颜色检验和硬度检验可以对应在不同方向上对自旋角动量的测量。对粒子自旋的操控和测量是量子信息领域中重要的实验手段,大家可以在有关量子通信和量子计算的介绍中看到这类描述。